만화로 보는
피스톨 스토리

만화로 보는 피스톨 스토리

초판 1쇄 발행 2023년 7월 25일

지은이 푸르공 / **감수** 이세환
펴낸이 조기흠
책임편집 김혜성 / **기획편집** 이수동, 최진, 박소현
마케팅 정재훈, 박태규, 김선영, 홍태형, 임은희, 김예인 / **제작** 박성우, 김정우
교정교열 송인아 / **디자인** 채홍디자인

펴낸곳 한빛비즈(주) / **주소** 서울시 서대문구 연희로2길 62 4층
전화 02-325-5506 / **팩스** 02-326-1566
등록 2008년 1월 14일 제 25100-2017-000062호
ISBN 979-11-5784-686-3(03390)

이 책에 대한 의견이나 오탈자 및 잘못된 내용에 대한 수정 정보는 한빛비즈의 홈페이지나
이메일(hanbitbiz@hanbit.co.kr)로 알려주십시오. 잘못된 책은 구입하신 서점에서 교환해드립니다.
책값은 뒤표지에 표시되어 있습니다.

hanbitbiz.com facebook.com/hanbitbiz post.naver.com/hanbit_biz
youtube.com/한빛비즈 instagram.com/hanbitbiz

Published by Hanbit Biz, Inc. Printed in Korea
Copyright ⓒ 2023 푸르공 & Hanbit Biz, Inc.
이 책의 저작권은 푸르공과 한빛비즈(주)에 있습니다.
저작권법에 의해 보호를 받는 저작물이므로 무단 복제 및 무단 전재를 금합니다.

지금 하지 않으면 할 수 없는 일이 있습니다.
책으로 펴내고 싶은 아이디어나 원고를 메일(hanbitbiz@hanbit.co.kr)로 보내주세요.
한빛비즈는 여러분의 소중한 경험과 지식을 기다리고 있습니다.

만화로 보는
피스톨 스토리

푸르공 글·그림 | 이세환 감수

한빛비즈
Hanbit Biz, Inc.

차례

1화	토카레프	007
2화	조총과 신미양요	025
3화	안중근과 브라우닝 M1900	043
4화	경성 피스톨 김상옥	061
5화	리볼버와 자동 권총	079
6화	현대 권총의 혁명, 글록	095
7화	총격전	111
8화	암살의 역사 ① 링컨과 데린저	129
9화	암살의 역사 ② 아베 신조	145
10화	암살의 역사 ③ 첩보원의 권총, 발터 PPK	161
11화	미군 제식 권총 ① 콜트 M1911	177
12화	미군 제식 권총 ② 베레타 92	191
13화	미군 제식 권총 ③ 시그사우어 P320	205
14화	명품 피스톨 ① 시그사우어 P210	219

15화	백두산 권총 CZ-75	231
16화	미국의 총기법	245
17화	명품 피스톨 ② 헤클러 운트 코흐	259
18화	명품 피스톨 ③ 리볼버의 세계	275
19화	명품 피스톨 ④ 미국의 자존심, 스미스&웨슨 M&P	289
20화	은닉 휴대 권총 ① 글록43, 해머리스 리볼버	303
21화	은닉 휴대 권총 ② M&P 쉴드와 P365	317
22화	권총 액세서리	329
23화	이상한 피스톨 AR-15	341
24화	마지막 권총 이야기	355

에필로그 368
참고자료 370

1화

토카레프

오늘 이곳으로 오는 타깃이 총기 소유자에다가
강력한 베테랑이라고 들었기 때문이다.

| 토카레프 반자동 권총 |

1930년 소비에트 연방이 제작한 믿을 만한 물건이지만
21세기인 지금 사용하기에는 너무 낡은 거 아닐까?

*에어소프트 건Airsoft Gun: 공기의 압력을 이용해 비교적 부드러운 총알을 발사하는 총.

단열 탄창은 총알이 일렬로 들어가는 방식으로
큰 탄환을 사용하기에 적합하다.

그립이 얇고 스마트해서
손에 쥐기 쉬운 반면
총알이 적게 들어가는 단점이 있다.

복열 탄창은 총알이 서로 엇갈려 들어가는 방식으로
많은 총알을 장착할 수 있다.

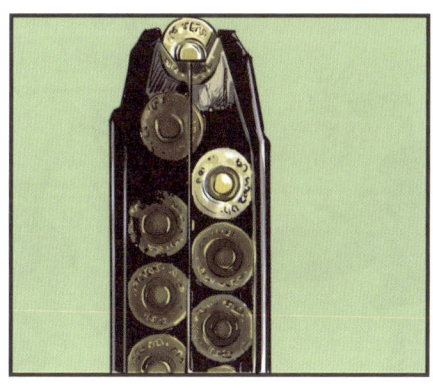

하지만 그립이 두꺼워져
손이 작은 사람이 쥐기 힘들다.

게다가 오고 있는
너의 상대는 최신형
*글록 5세대 권총을
소지했고

15발짜리
탄창이란 말이야.

*글록Glock: 오스트리아의
한 군수품 업체가 1982년
출시한 권총의 한 종류.

*파지법: 어떤 물건을 움켜잡는 방법.

*유격: 기계 작동 장치의 헐거운 정도.

토카레프Tokarev

툴라Tula 지역에 위치한 무기 공장의 무기 설계자 페도르 토카레프Fedor Tokarev가 개발한 권총으로, 1930년에 시제품 TT-30이 출시되었다. 또 1933년에는 TT-30의 구조를 단순화하고 대량 생산에 적합하며 소련의 추위에도 얼어붙지 않도록 개량한 TT-33이 공개되었다. 이들은 일명 '떼떼 권총'이라 불리며, 'TT'는 툴라와 토카레프의 첫 글자를 의미한다. 소련군은 이전까지 사용하던 나강Nagant M1895 리볼버 권총 대신, TT-33을 채택하였고, 이에 힘입어 TT-33은 약 60만 정이 생산되었다. 1954년에 생산을 종료했지만, 중국과 북한 등 많은 나라에서 복제하여 사용했기에 현재까지 정확한 생산량은 알 수 없다.

TT-33
© Askild Antonsen

*구경	7.62×25㎜ 토카레프
전체 길이	196㎜
총열 길이	114㎜
무게	840g
탄창 용량	8+1발
*총구 속도	420㎧
유효 사거리	50m

*구경: 총알이 나가는 긴 원통 모양의 총열의 지름.
*총구 속도: 총알이 총의 끝 부분, 총구에서 나오는 순간 속도.

2화

조총과 신미양요

1871년 6월 1일부터 7월 3일까지 한 달 남짓한 기간, 강화도에서는 처절한 전투가 있었다.

미군 존 로저스 사령관의 해군과 해병대 1,230명이 월등한 화력을 앞세워 조선을 공격했다. 그들의 요구 사항은 조선의 개항.

당시 어재연 장군과 조선 *보병 천여 명은 낙후된 무기를 들고 목숨 바쳐 싸웠으니…

*보병: 주로 소총을 주 무기로 삼는 육군의 전투 병과.

총의 역사를 다루려면
*조총 혹은 화승총에 대해 먼저 알아야 해.

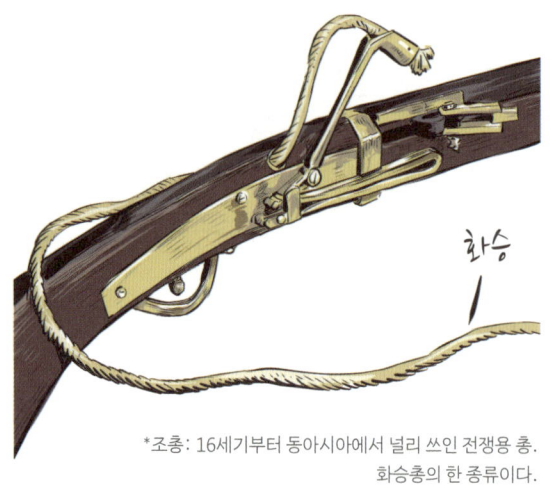

화승

*조총: 16세기부터 동아시아에서 널리 쓰인 전쟁용 총.
화승총의 한 종류이다.

매치락 머스킷Matchlock Musket이라 부르는 이 총은
임진왜란 때 일본인들에 의해 조선에 대량으로 들어왔지.

일본군은 포르투갈에서 현재 가치로 10억 원을 주고
머스킷 그것을 구입했다고 해.

임진왜란 이후 조선에는 15만 정의 화승총이 있었고 심지어 중국과 일본에 수출까지 했대.

웬 수출?

당시 일본과 중국의 조정은 자국 내의 반란이 두려워 엄격하게 총기 규제를 했다고.

우리는 전쟁 피해국인 만큼 총에 대한 심도 있는 연구가 시급했을 것이고

현대의 미국만큼이나 총기가 창궐하는 나라가 조선이었대.

당시 조선군은 삼수기법이라 하여 창검을 다루는 살수와 활을 쏘는 사수

당시 미군의 총기는 *레밍턴 롤링블록 M1867
*후미장전식 소총이었고
분당 10발을 엎드린 자세로 사격 가능했다.

*레밍턴 롤링블록: 1860년 초 레밍턴Remington 사에서 개발되어 생산된 롤링블록식 소총의 총칭.

*후미장전식: 화약과 탄두를 총구 뒤쪽으로 넣어서 발사하는 방식. 줄여서 후장식이라고도 한다. 반대말은 포구장전식, 줄여서 전장식이다.

*스프링필드 M1861도 사용했는데 당시 미군은 남북전쟁으로 인해 전투 경험이 풍부했어.

*스프링필드 M1861: 미국 매사추세츠주 스프링필드에 있었던 미군의 소화기 제작 전문 국영 조병창에서 제작된 총. 미국의 남북전쟁 당시 대량으로 사용되었다.

그에 비해 꽤나
뒤떨어진 조총의 성능을 보면

유효 사거리는 50미터 정도에
분당 1발 쏘기가 어렵고
숙련된 병사가 최대 3발을
쏠 수 있었다고 한다.

6발에 한 번씩 대청소를 해야 발사가 가능하고
총의 길이가 길어 일어선 상태로
꼬챙이를 이용해 장전해야 하는데

총구 쪽으로
탄환을 넣는
전장식 총

날아오는 탄환을 피하기도 어려웠고
이마저도 *격발 불량이 종종 있었다.

*격발: 탄환을 쏨.

학살에 가까운 일방적인 전투에도
조선군은 죽음을 두려워하지 않고 돌을 던지거나
흙을 뿌리며 전장을 지켰다고 해.

날아오는 총탄 앞에 우뚝 서서
한 발이라도 더 쏘려고
*총구를 손질하고 있는 조선군의
마지막 모습을

생각해
봐!

*총구: 총알이 나가는 부분. 총구멍.

총잡이라면 호랑이 포수였던 그들의 용맹함을 배워야 하겠지!

이렇게 해서 신미양요는 미군이 전술적 승리를 거뒀지만 조선은 전략적 승리를 쟁취했다고 할 수 있다. 이후 조선의 통상 수교 거부 정책은 더욱 강화되었다.

매치락 머스킷 Matchlock Musket

16세기부터 사용된 화승총으로, 화약과 총알을 장전하고 노끈(화승)에 불을 붙인 뒤 방아쇠를 당기면 화약에 불이 붙어 발사되는 방식이다. 화승총은 유럽에서 개발되어 일본으로 건너와 임진왜란 때 일본군의 주요 무기로 사용되었다. 이때 우리나라에도 화승총이 들어왔는데, 1594년부터는 우리나라 훈련도감에서 화승총을 직접 제작하기 시작했다.

당시에는 발사 속도가 빠르고 명중률이 높은 편이었으나, 현대의 총에 비해서는 발사 속도가 느리고 유지 보수도 어려운 총이다.

16세기 화승총을 사용하는 일본군

19세기 티베트에서 사용된 화승총

구경	20㎜
전체 길이	1.5m
총열 길이	1m
유효 사거리	50m

© Bequest of George C. Stone, 1935

3화

안중근과 브라우닝 M1900

할로우 포인트(HP탄)

19세기 영국이 식민지 인도의 공업도시 덤덤에서 개발하여 덤덤탄 dumdum bullet이라고 부르는 탄환

일반 총알은 자주 인체를 관통해 치명상을 입히는 데 실패하는 경우가 있지만

덤덤탄은 십자가 형태로 파낸 앞부분이 찌그러지고 퍼지며 충격 전달력이 강해진다.

너무 잔인하다는 이유로 할로우 포인트 Hollow Point 사용은 전쟁 범죄로 취급되며 금기시한다는군.

그런 탄환을 안중근 장군께서 사용했다고?

장군께서 독실한 천주교 신자인 이유로
탄환 하나하나에 십자가를 그었다는 말도 있고

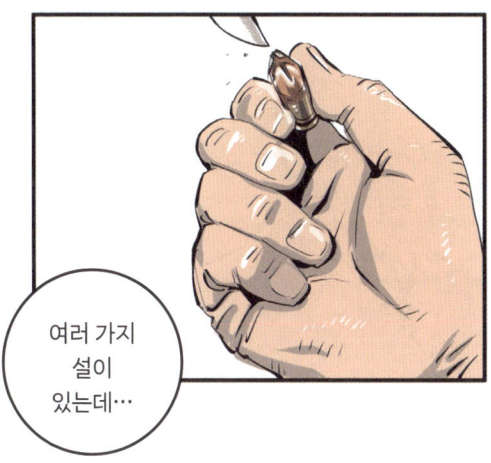

여러 가지
설이
있는데…

민족의 원수를
확실하게
제거해야 한다는
절박함을 표현한
것일 수도 있지.

뜻을 같이하던 동지들과 여러 가지 길을 모색하던 어느 날

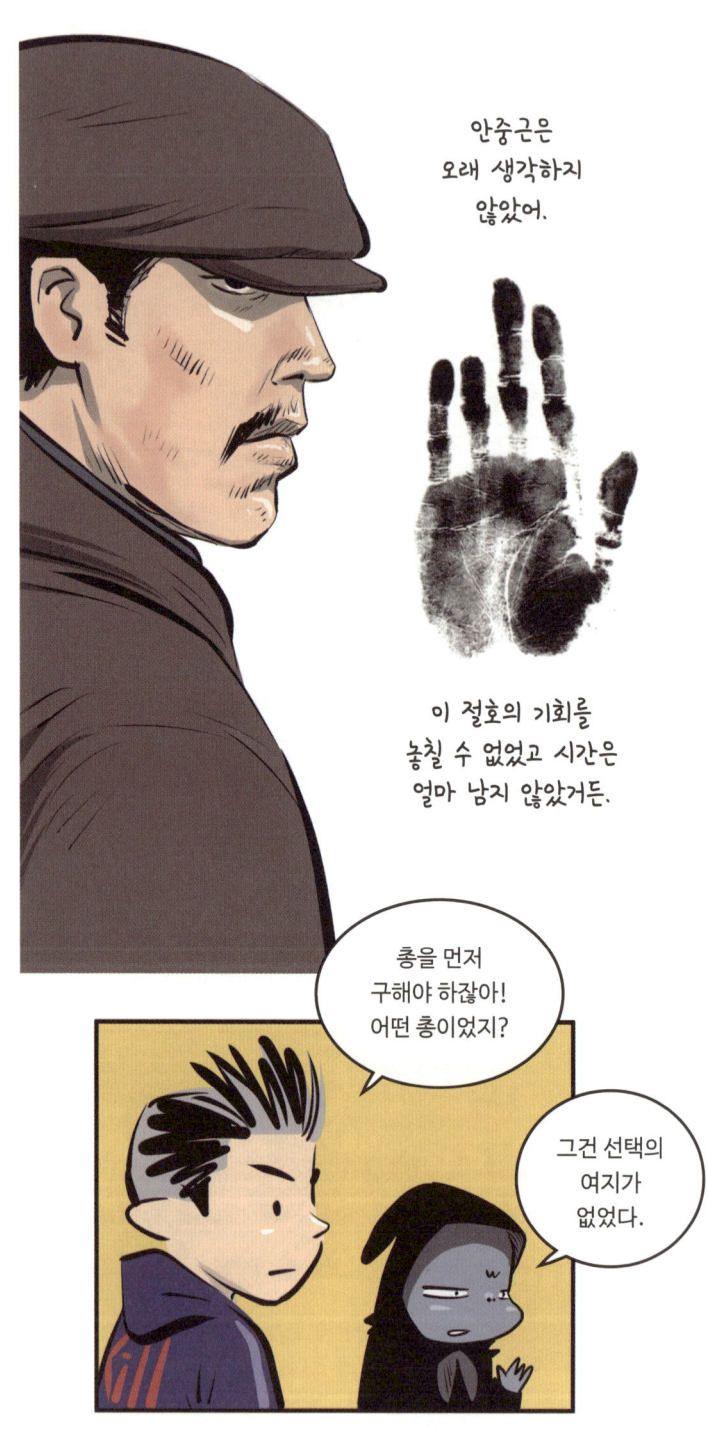

브라우닝 M1900

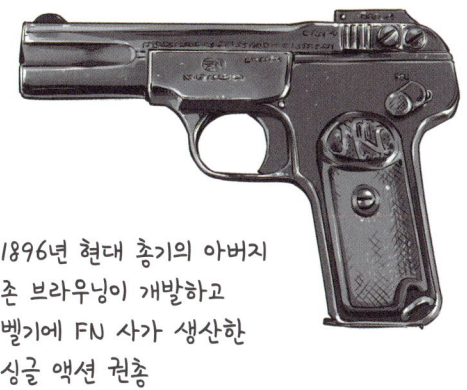

1896년 현대 총기의 아버지
존 브라우닝이 개발하고
벨기에 FN 사가 생산한
싱글 액션 권총

최초로 상부 슬라이드가 적용되어 현대 권총의 시초라고 할 수 있지.

슬라이드가 후퇴하면 *탄피가 나가지 못하게 잡아주던 '갈퀴'가 열리면서, 발사 후 탄피가 배출되지.

*탄피: 탄환의 껍데기.

당시 안중근 장군은 브라우닝 M1900 두 정과
*스미스&웨슨 38리볼버 M2를 놓고 고민했는데

신속함과 파괴력의 리볼버보다
M1900이 낫다고 판단했어.

*스미스&웨슨Smith&Wesson: 1852년 호레이스 스미스Horace Smith와 대니얼 B. 웨슨Daniel B. Wesson이 설립한 총기 회사.

당시 최고의 총기 전문가인
브라우닝의 명성이나 M1900이 최신형이었다는 걸
고려하면 선택은 당연한 거였어.

일본 최고의 정객 이토 히로부미가
당당하게 나타났다.

장군은 누가 이토인지
알아야 하기에 바쁘게
이곳저곳을 보았어!

때마침 반가움에 들뜬 환영객 한 명이
큰소리로 이토를 불렀고 그가 손을 흔들었다.

그 순간을 놓치지 않고
브라우닝 M1900이 세 번 불을 뿜었다.

첫 번째 탄환은 이토의 오른팔 관통 후 흉부에,
두 번째 탄환은 오른쪽 팔꿈치와 흉복부에,
세 번째 탄환은 윗배의 중앙 우측을 통과한 후
좌측 복근에 박혔다.

세 발 모두 급소에 도달했다.

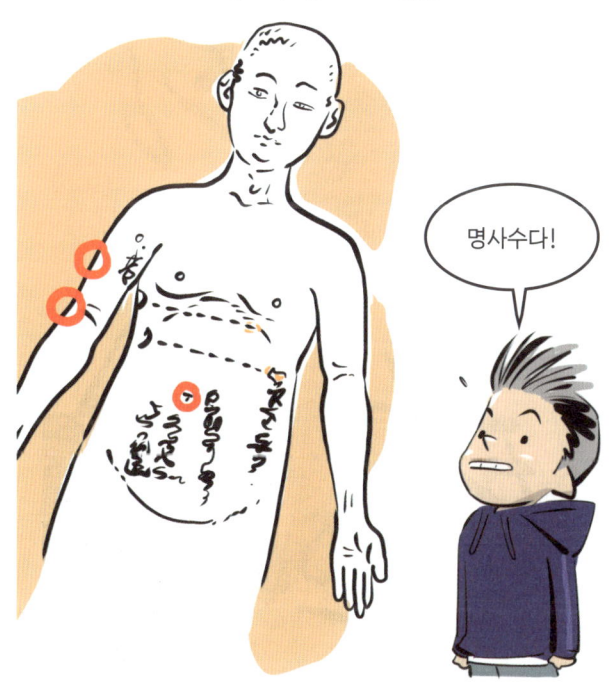

명사수다!

혹시 다른 사람이 이토일 수도 있기 때문에
장군은 주변 인물들에게 남은 탄환을 발사했다.

하얼빈 일본 총영사 가와카미 도시히코,
이토의 수행 비서 모리 다이지로, 만주철도 이사
다나카 세이타로가 각각 한 발씩 맞았다.

장군은 한 발의 총알을 남기고 체포되면서,
큰소리로 '대한만세'를 외쳤다.

대한의군 소속 도마 안중근 중장은 첩보를 받은 후
거사까지 한시도 머뭇거리지 않았다.

장군은 타고난 무인이며 탁월한 총잡이였다.

죽기 전날까지 의연하셨고
누구도 미워하지 않았다.

그는 전투에서 포로로 잡힌 일본군을
풀어주기도 하고 이토 대신 총을 맞은
일본인에게는 미안한 마음을 가졌다고 한다.

도마 안중근은
이토 히로부미를 저격한
킬러였지만 끝까지
동양 평화를 외친
의인이었다.

저승사자의 총알못을 위한 총기 상식

FN M1900

전설적인 무기 설계자 존 브라우닝John Browning이 1896년에 설계한 권총으로, 1900년부터 벨기에의 FNFabrique Nationale Herstal 사에서 만들기 시작했다. 왕복식 대형 슬라이드를 적용한 최초의 권총으로, M1900의 획기적인 디자인은 현대 권총까지도 이어지고 있다. 1900년부터 1911년까지 11년 동안 70만 정이 판매될 정도로 큰 성공을 거둔 총이기도 하다.

M1900은 1904년 핀란드의 민족주의자 유진 샤우만Eugen Schauman이 당시 핀란드를 러시아 제국에 동화시키려는 정책을 폈던 러시아인 핀란드 총독 니콜라이 보브리코프를 암살할 때 사용한 총이며, 1909년 안중근 의사가 이토 히로부미를 공격할 때도 이 총을 사용했다.

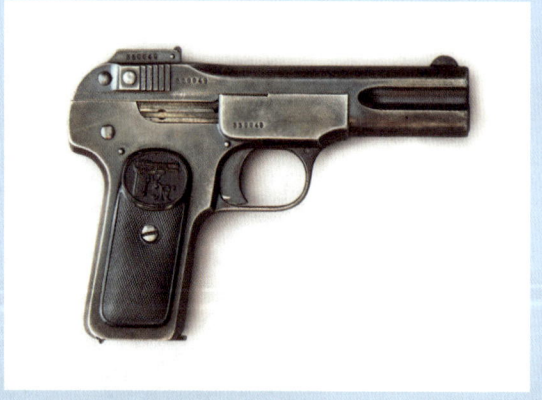

© Judson Guns

구경	.32 ACP(7.65×17mm)
전체 길이	172㎜
총열 길이	102㎜
두께	28㎜
높이	115㎜
무게	625g
탄창 용량	7발
유효 사거리	25m

4화

경성 피스톨 김상옥

일반적으로 권총은 *소총의
보조 수단으로 여겨진다.
근접 거리에서 부득이하게 사용하거나
*홈 디펜스 또는 호신용으로 사용하는 거지.

*소총: 사람이 들고 다니며 쏠 수 있는 총. 대포 등의 포와 구분해서 소총이라는 이름이 붙었다. 보병용 총기를 모두 일컫는다.
*홈 디펜스Home Defense: 집에 있을 때, 강제로 침입한 사람에 대처하는 일.

실제 전투에서 상대를 확실히 제압할 만한
*살상력이라고 하기엔 부족하기 때문이야.

*살상력: 사람을 죽이거나 상처를 입힐 수 있는 능력.

의열단 소속 최고의 요원 김상옥 열사

권총 두 자루를 들고

일본 경찰 천 명과
싸운 전설의 총잡이!

경성 *피스톨!

동대문 홍길동

*피스톨: 주로 한 손으로 가까운 거리에서 쏠 수 있는 짧고 작은 권총.

김상옥 열사는
실력이 매우 좋은 사업가였다.

독립운동 자금을 조달하시면서

친일 반역자들을
직접 찾아 처단하고

일본 헌병대를 습격하기도 했다.

삼일 운동 때 태극기를 대량으로
제작, 배포하시고

직원들과 함께 만세를 부르셨다.

상하이 임시 정부를 오가며
치열한 요원 활동을 수행하셨는데

일제의 수장 사이토 마코토 총독을
죽이는 것이 일생의 목표였다.

종로 경찰서 형사부장 다무라 사살

이마세와
우메나 경부 사살

그 밖에 일본 경찰
여러 명이 중상을 당했다.

가옥의 지붕을 뛰어다니며 포위망을 뚫고 눈 덮인 남산을 넘어 금호동으로 향한다.

며칠 간 이곳저곳에 은신하며 발의 동상을 치료하고 다음 계획을 생각하던 중

1월 22일 다섯시 반 경기도 경찰부장 우마노가 총지휘하는 체포 부대가 투입되었다.

기마대와 무장 경찰 천여 명에게
포위 당한 경성 피스톨은

이때부터 3시간 반 동안 격정적인
최후의 불꽃을 뿜어댔다.

총알이 떨어진 김상옥 열사는 마지막 한 발을 자신에게 사용하셨다.

신념은 총알로 부서지지 않는다.

양손의 권총을 꼭 쥐고
두 눈은 뜬 채로 돌아가신
바람에 일본 경찰들은 두려워
가까이 가지 못했다.

결국 김상옥 열사의 어머니가
시신을 확인했는데

그의 몸에는
스스로에게 쏜 한 발을
포함해 총 11발의
총알이 박혀 있었다.

이 사건은 이후 수많은 독립운동가의 무장 투쟁에 영향을 주었다.

한 독립군은 이렇게 말했다.

일본 경찰은 저렇게 많은데 왜 이분은 홀로 싸우시는가?

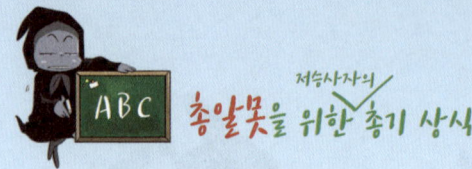

S&W Model 2 더블 액션

스미스&웨슨Smith&Wesson 사에서 개발한 리볼버로, 1880년부터 1911년까지 개량을 거듭하며 55만 정 가량 생산되어 많은 나라에서 인기를 끌었다. 크기가 작고 총알을 장전한 채로 가지고 다니다가도 바로 연달아 사격이 가능해서 호신용과 비상용 총으로 인기가 많았다. 방아쇠가 무겁고 길게 당겨야 하는 편이라 익숙하지 않으면 목표물을 맞추기 어렵지만, 갑자기 쳐들어온 일본군을 상대해야 했던 김상옥 열사처럼 급박한 상황에서 사용하기에는 적합한 총이라고 볼 수 있다.

© Commando552

구경	.38 S&W(9×20㎜)
전체 길이	203㎜
총열 길이	83㎜
무게	586g
탄창 용량	5발

5화

리볼버와 자동 권총

권총은 휴대성이 좋은 데 반해

파괴력과 정확도,
사거리가 제한적인 무기다.

그러니 총기 소유자의 담대함과 신속함,
꾸준한 훈련을 요구하지.

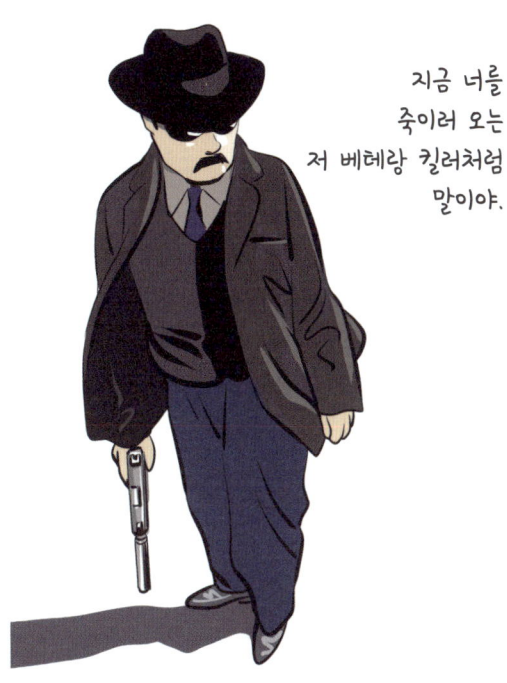
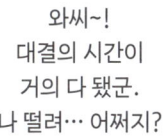

리볼버Revolver는 *실린더에
총탄을 넣어두는 *약실을 여러 개 가지고 있고
그것을 회전시켜 사격한다.

*실린더: 속이 빈 원통 모양의 장치.
*약실: 탄약을 넣는 부분.

자동 권총은 약실이
*총신과 일체가 되어
흔히 슬라이드식 권총이라 부른다.

다수의 탄약이 들어 있는
탄창을 삽입하는 방식이다.

*총신: 총의 몸통 전체.

근데 요즘엔 실전에서 리볼버를 잘 안 쓰잖아. 설명할 필요가 없지 않아?

그치~ 방아쇠 압력이 강해서 정확도도 떨어지고 말이야.

하지만 생각해 봐. 혼자뿐인 집에서 침입자를 상대할 때

그런데 리볼버는 손에 들고
방아쇠만 당기면 쏠 수 있다고.

저승사자의
총알못을 위한 총기 상식

리볼버 Revolver

리볼버는 실린더라는 원통 모양의 부품에 총알을 하나씩 장전하는 총으로, 방아쇠를 당기면 이 실린더가 회전하면서 총알이 발사된다. 16세기부터 실린더를 사용하는 권총이 개발되기 시작해, 1830년대에 지금 형태의 리볼버가 나타났다. 다른 권총에 비해 구조가 간단하고 사용하기 쉬우나, 넣을 수 있는 총알의 개수가 적은 편이다.

리볼버는 싱글 액션과 더블 액션 리볼버로 나뉘는데, 싱글 액션은 손으로 해머를 뒤로 젖힌 다음 방아쇠를 당겨 총알을 하나씩 발사한다. 더블 액션은 방아쇠를 당길 때 총알이 발사되면서 동시에 실린더를 회전시켜 다음 총알이 준비되므로, 연사가 가능하다. 그래서 싱글 액션에 비해 빠르게 총을 쏠 수 있지만, 총을 쏠 때 실린더가 회전하기 때문에 반동이 커지므로 정확도는 낮아진다.

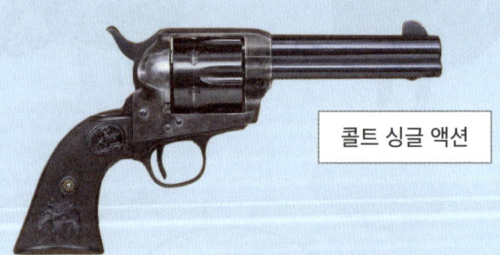
콜트 싱글 액션

콜트 파이슨의 실린더

6화

현대 권총의 혁명, 글록

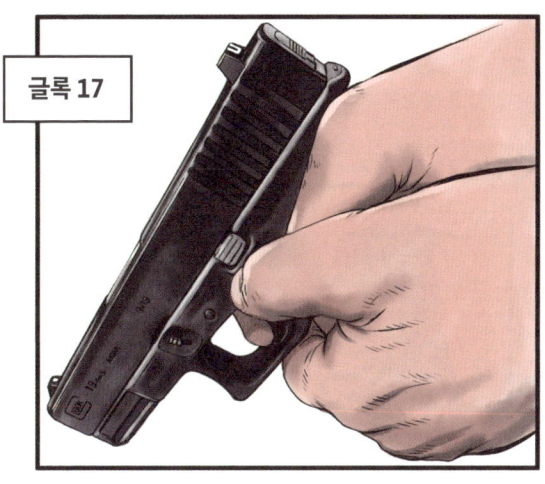

글록Glock은 현대 권총의 표준이라고 할 수 있다.

*원혼: 분하고 억울하게 죽은 사람의 영혼.

1982년 5월 19일 오스트리아 국방부에 최초의 글록이 도착한다.

가스통 글록 Gaston Glock
1929.7.19

권총에 대해 문외한이었던
이 남자에 의해 많은 것이 변화한다.

원래 글록은 나이프를 비롯한 여러 가지
군납 제품을 만들던 사람이었다.

그런 글록이
현재 대통령 경호실부터
군경의 허리춤까지

스페셜 킬러
존 윅도

그야말로 시대의 아이콘이 되었다.

처음에 글록은 단순한 벽돌 모양이라서
호불호가 강했어.

글록 17 Gen1

꼴도 보기 싫어!
플라스틱 총.

하지만 글록은 화려했던
*풀사이즈 권총의 시대를 마감했어.

베레타 92

시그 P220

1911 피스톨

*풀사이즈 권총: 자동 권총 중 가장 큰 크기의 총.
제식용 권총에서 많이 쓰이는 크기로 보통 총열 길이가 5인치 전후이다.

글록은 *폴리머 바디 권총을 세계화한 선구자야.

*폴리머 바디:
강화 플라스틱 재질의 몸통.

땀과 녹에 강한 장점도 있지.

마우저 1914

금속 권총을 매일 쥐고 사용하면
땀에 의해 녹슬게 되니까 말이야.

글록 17은
장탄 수가 17발로
늘어서
환영 받았어.

탱글

쫄깃하고 유연한
폴리머 바디는 반동 감소
효과까지 있었다.

작동 방식도 무척 간단했어.

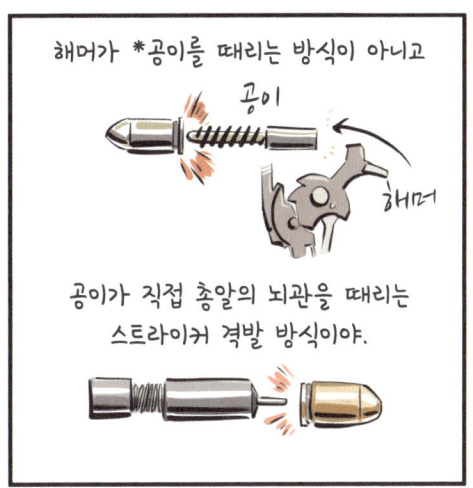

*공이: 총알을 쳐서 폭발하게 하는 송곳 모양의 총의 한 부분.

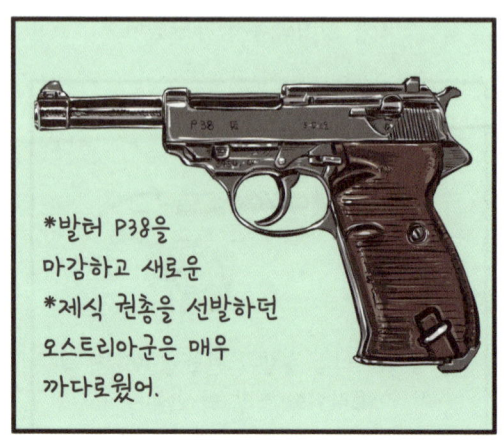

*발터 P38을 마감하고 새로운
*제식 권총을 선발하던 오스트리아군은 매우 까다로웠어.

*발터 P38: 독일의 발터Walther 사가 1938년에 개발한 9mm 구경 자동 권총.
*제식: 군사 훈련을 할 때 쓰도록 정해진 방식.

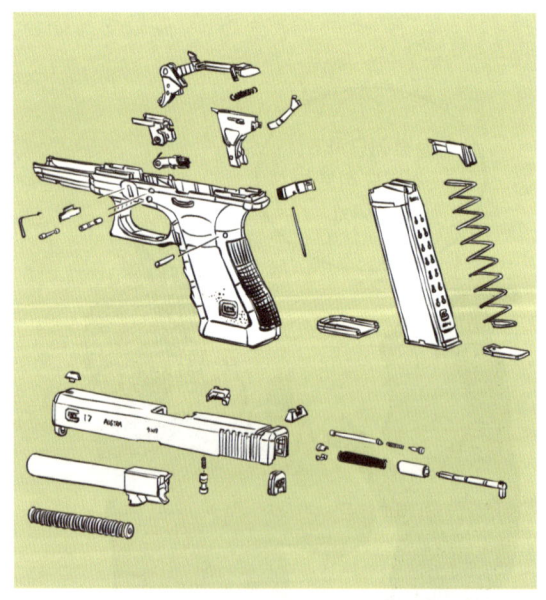

특히, 총기 부품이 40개 이하일 것을 요구했지.
그런데 글록은 부품 34개로 완성했어.

- ✓ 안전 조작 스위치 없이 안전할 것
- ✓ 총알은 많이
- ✓ 별다른 도구 없이 분해 가능
- ✓ 모든 부품 자유로운 교환 가능
- ✓ 만 발 사격에 오작동 20회 이하
- ✓ 내구성과 파괴력 증강

글록 43X MOS

저승사자의
총알못을 위한 총기 상식

글록 17 Glock 17

가스통 글록Gaston Glock이 1963년에 설립한 오스트리아의 글록Glock 사는 소모용 군용 물품을 만들던 회사였으나, 오스트리아군이 기존에 사용하던 발터Walther P38을 대체할 권총을 찾자 권총 사업에 뛰어들게 된다. 글록은 3개월의 시행착오 끝에 기존에 없던 플라스틱으로 된 권총, 글록 17을 선보인다. 총알이 발사되는 부분은 강철로 제작하고 손잡이, 방아쇠, 탄창 같은 부분은 플라스틱으로 만들었기 때문에 가벼워지고 생산 단가도 줄어들었다. 결국 오스트리아군은 1980년 신형 제식 권총으로 글록 17을 선정, P80이라는 명칭을 부여했다.
영화 〈미스터 앤 미세스 스미스〉의 브래드 피트, 〈미션 임파서블3〉와 〈미션 임파서블: 고스트 프로토콜〉에서 톰 크루즈가 사용한 총이기도 하다.

© Askild Antonsen

구경	9×19㎜ 파라벨룸
전체 길이	204㎜
총열 길이	114㎜
두께	32㎜
높이	139㎜
무게	705g
탄창 용량	17발
총구 속도	375㎧
유효 사거리	50m

7화

총격전

*조준 사격은
표적이 멀리 있거나
사격 대회에 참가했을
때에만 한다.

*조준 사격: 목표를 겨냥하여
총을 쏘는 것.

가까운 거리의 적을 상대할 때에는 *가늠자,
*가늠쇠를 이용하지 않는 *지향 사격이 유리하지.

*가늠자: 총을 표적에 조준할 때 이용하는 장치 중 하나. 총신 위쪽에
붙어있는 쇳조각.
*가늠쇠: 총을 표적에 조준할 때 이용하는 장치. 가늠자가 총신 위쪽에
붙어있다면 가늠쇠는 총구 가까이 붙어있다.
*지향 사격: 목표가 위치한 대략적인 방향에 맞춰 총을 쏘는 것.

지향 사격은 매우 감각적인 사격법으로,
훈련을 통해 숙달되어야 한다.

현재 상대는 위버 스탠스를 취하고 있다.

목표를 45도쯤 비껴 보는 *아웃복싱 자세로 왼팔은 총을 받치듯이 몸으로 당기고 오른팔은 총을 밀어내는 자세다.

*아웃복싱: 상대편과 일정한 거리를 유지하면서 타격을 노리는 권투 기술.

마지막으로 지근거리 자세,
리텐션 슈팅이 있다.

영화 <존 윅>에 자주 나오는데
초근접전에서 총을 뺏기지 않게
몸으로 당겨서 쏘는 자세다.

총알의 종류

총의 구경이란 총알이 나가는 긴 원통 모양의 총열의 지름을 말한다. 보통 9mm 구경, .38구경, .45구경 등 인치 또는 밀리미터로 표시한다. 이때 .38은 구경 0.38인치, .45는 구경 0.45인치를 의미한다. 권총과 소총은 구경이 곧 총알의 직경과 직결되기 때문에 구경이 곧 총알 이름으로 통용되기도 한다.

또한 총알은 탄피 테두리 '림'이 있냐 없냐에 따라 림드Rimmed와 림리스Rimless로 구분된다. 림이 있는 림드탄이 먼저 개발되었고, 자동 권총이 나옴에 따라 슬라이드를 따라 부드럽게 움직일 수 있게 림이 사라진 림리스탄이 개발되었다.

9×19㎜ 파라벨룸 · .40 S&W · 10mm Auto · .45 ACP (Automatic Colt Pistol)

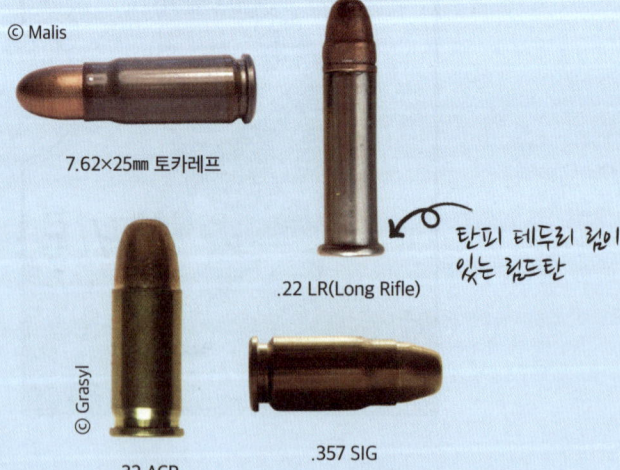

7.62×25㎜ 토카레프 · .22 LR(Long Rifle) · .32 ACP · .357 SIG

탄피 테두리 림이 있는 림드탄

8화

링컨과 데린저

1865년 4월 14일 미국 대통령 에이브러햄 링컨은 극장에서 공연을 관람하고 있었다.

남부 출신 배우 존 윌크스 부스는 별다른 검문 없이 대통령에게 다가가고 있었다.

그즈음 링컨의 연설은 부스의 분노를
폭발하게 만들었다.

모든 흑인에게
투표권을
보장합시다!

처음에 부스는 링컨을 납치한 뒤
여러 주요 인사들을 함께 죽이려 했지만

포드 극장에
링컨이 무방비
상태로 있는 것을
보고는 링컨을 먼저
죽이기로 결심한다.

범행 총기는 1825년 헨리 데린저가 설계한 소구경 권총 일명 필라델피아 데린저 Philadelphia Deringer였다.

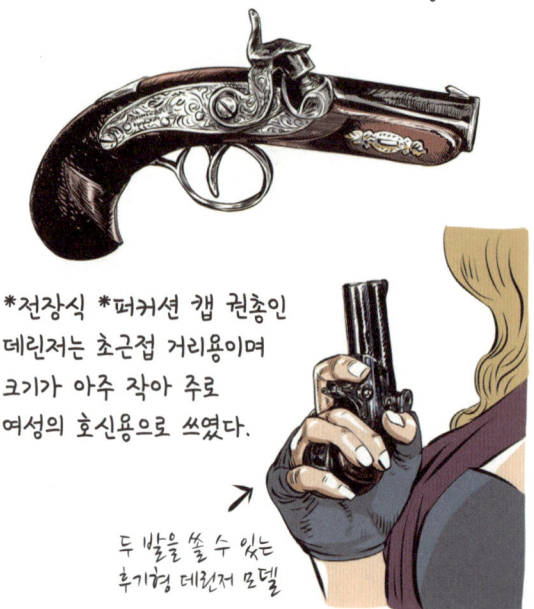

*전장식 *퍼커션 캡 권총인 데린저는 초근접 거리용이며 크기가 아주 작아 주로 여성의 호신용으로 쓰였다.

두 발을 쏠 수 있는 후기형 데린저 모델

데린저는 이후 자동 권총도 리볼버도 아닌 총열 약실 일체형 권총들의 이름이 되었다.

*전장식: 총구 쪽으로 탄환을 재어 넣는 방식.
*퍼커션 캡Percussion Cap: 뇌관식. 화승식이 노끈에 불을 붙여 총을 쏘는 방식이라면 이 방식은 주로 구리로 만들어진 작은 발화장치(뇌관)를 사용해 총을 쏜다. 방아쇠를 당김과 동시에 발사되어 시간차가 없다는 것이 장점이다.

부스는 공연 중 관람객들이 크게 웃는 장면을
틈타 링컨의 뒤통수를 쏘았다.

저격 직후 부스는 링컨 옆에 있던
헨리 래스본 소령과 몸싸움을 벌이다
칼로 그를 제압하고 아래층으로 뛰어내렸다.

부스는 무대에 올라 마치 연극처럼
보이려고 힘차게 외쳤다.

범행 후 말을 타고
버지니아로 도주한 부스는
11일 후 총격전 끝에
사망한다.

성공한 암살에는
형편없는 경호가 있다.

놀랍게도 그날 링컨의 경호원은
연극을 본다고 어슬렁거리다가

살롱에 가서 술을 마시고 있었다.

오늘날 같은 비밀 요원들의 체계적인 경호가 없던 시절의 이야기지.

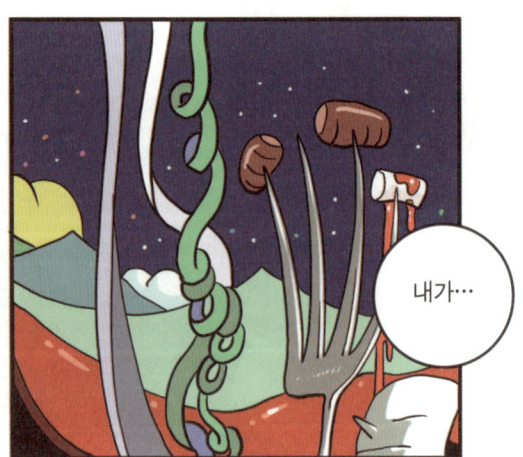

필라델피아 데린저 Philadelphia Derringer

미국의 링컨 대통령을 암살하는 데 사용된 필라델피아 데린저는 헨리 데린저 Henry Deringer가 개발한 초소형 단발 권총으로, 1852년부터 1868년까지 생산되었다. 손바닥보다 작은 크기에 가벼웠기 때문에 민간인에게도 인기가 많았다. 현재 '데린저'는 초소형 권총을 의미하는 보통명사로 쓰인다. 이 총은 영화 〈존 윅 3: 파라벨룸〉, 미국 드라마 〈킬링 링컨〉 등에서 등장했다.

1865년 4월 14일 워싱턴 DC의 포드 극장에서 링컨 대통령을 암살하려는 존 윌크스 부스를 묘사한 유리 슬라이드

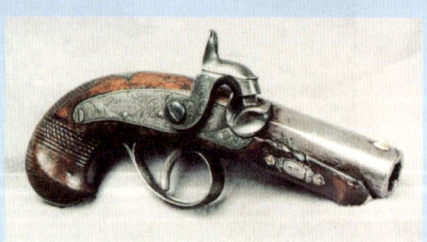

구경	.44 매그넘
전체 길이	127mm
총열 길이	51mm
무게	200g
탄창 용량	1발

9화

아베 신조

1914년 6월 28일에 일어난 한 암살 사건은
참혹했던 제1차 세계 대전으로 번진다.

현재 보스니아헤르체고비나의 수도인
사라예보에서 오스트리아-헝가리 제국의
프란츠 황태자 부부가 살해당한다.

범인은 당시 19살의
대학생이었던
가브릴로 프린치프.
그는 세르비아의
열혈 민족주의자였다.

그가 사용한 피스톨은 벨기에 FN 사의 브라우닝 M1910으로 장탄 수 6발이었다. 이 사건이 트리거가 되어 전 세계 수천만 명의 인구가 희생되었다.

1963년 11월 22일 미국 텍사스에서는

존 F. 케네디 대통령이 저격 당했지.

링컨 사건 이후에도 암살 사건은 끊임없이 이어지고 있어.

아베 신조의 케이스야.

2022년 7월 8일 오전, 일본 나라현 나라시.

사건 가해자는 41세 남성 야마가미 데쓰야.

그는 26회 참의원 선거 후보 지원 유세 중이었던 아베를 조용히 바라보고 있었다.

아베는 자민당의 실질적인 수장이며 오랫동안 일본 내각 총리대신으로 일했다.

군사 강국 일본을 꿈꿨던 아베는

상당히 의외의 이유로 저격 당한다.

야마가미는 자신의 가족이 세계평화통일 가정연합이라는 종교 때문에 파탄이 났고

그 종교 단체와 자민당 간의 유착 관계에 원한을 품게 되었다.

그런 이유로 아베를 타깃으로
삼은 야마가미는 매우 조잡한
품질의 사제 총기를 들고 나타났다.

범행 총기는 총기의 기본적인 작동 원리만 알면
쉽게 제작 가능한 종류였으며 용접도 없이
절연 테이프로 둘둘 감은 것이었다.

어이없는 경호원들은 이 총을 카메라로
오인했다고 전해진다.

첫 번째 탄환이 발사되었다.
어째서 후방 경호가 없었는지 모를 일이다.

아베는 연기가 나는 쪽을 물끄러미 바라보았다.

초탄이 빗나간 상황에서 범인은
당황하지 않고 좀 더 아베에게 다가갔는데

이때도 경호원들은 아무런 조치를 취하지 않았다.

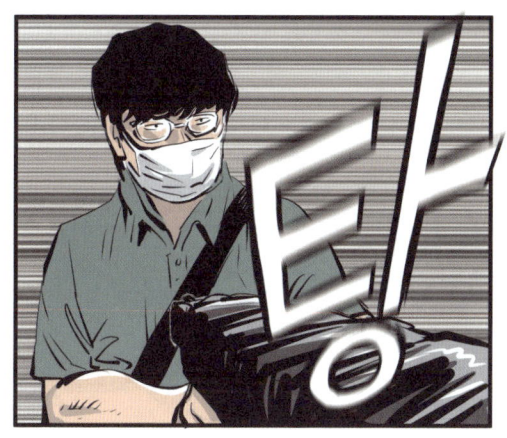

두 번째 총격에 아베는 치명상을 입었고

회생 가능성은 없었다.

두 개의 파이프와 건전지 케이스가 달려
쇠구슬을 발사하는 조잡한 사제 총에

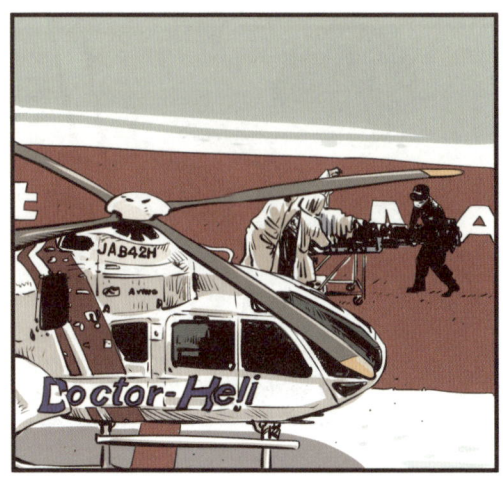

일본의 1급 요인이 암살 당한 것이다.

초탄이 빗나간 후
경호원들이 아베를 감싸고
범인에게 달려들었어야 했지만
그렇게 하지 않은 것은
최대 미스터리다.

FN M1910

존 브라우닝이 설계해, 브라우닝 M1910으로도 불리는 이 총은 1910년부터 생산되어 1983년에 단종되었다. 스프링이 총열을 감싸는 방식을 최초로 사용했고, 해머를 슬라이드 내부로 넣어 휴대성을 높였다.

1914년 6월 28일 제1차 세계 대전의 도화선이 된 오스트리아-헝가리 제국의 황태자 부부 암살 사건으로, 이 총은 전 세계에서 가장 많은 사람을 죽게 만든 권총이라고도 불린다.

© Askild Antonsen

© Hmaag

구경	.380 ACP (9×17mm) / .32 ACP (7.65×17mm)
전체 길이	153㎜
총열 길이	105㎜
무게	590g
탄창 용량	6발 / 7발

10화

첩보원의 권총,
발터 ppk

발터 PPK Walther PPK는 1931년
독일 경찰을 위해 만든 소형 권총이다.

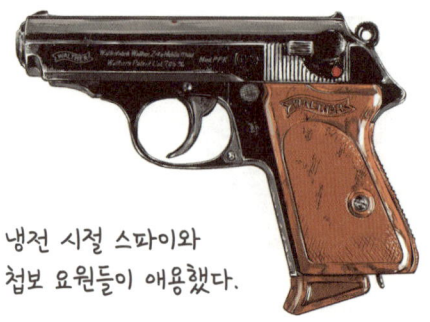

냉전 시절 스파이와
첩보 요원들이 애용했다.

이 총과 관련한 유명 인물은 바로
영화 <007 시리즈>의 제임스 본드

나치 독일의
아돌프 히틀러

그리고 대한민국의 중앙정보부장 김재규다.

패전 국가 독일은 총기 관리가 무척 허술했고 PPK는 누군가를 쏘고 버려도 추적이 안 되는 총이 되어버렸어.

대포폰 같은 거네.

제2차 세계 대전의 패색이 짙던 1945년 4월 30일 베를린의 수도회관 지하 벙커에서는 결혼식이 열렸다. 히틀러와 그의 연인 에바의 결혼식이었지.

히틀러는 그날 에바와 결혼 후
곧 최후의 시간을 준비했다.

둘은 청산가리를 먹고 PPK로 마무리했지.

40시간의 짧은 결혼과 12년 간의 나치 독재,
20세기의 전쟁과 재앙이 모두 끝나는 총성이었다.

1979년 10월 26일 서울시 궁정동

성공한 암살에는 형편없는 경호가 있다는 이야기···

여기서는 의미가 완전히 상실된다.

대통령과 같이 술을 마시고 있는 경호실장 차지철

대통령 앞에서 총을 가지고 있던 정보부장 김재규는
그 자리에서 차지철에게 총을 겨눴다.

그에게 차지철은 지나치게
강성한 성격으로 사고뭉치였기에
존재 자체가 리스크 덩어리였다.

김재규의 다음 타깃은 대통령 박정희.

효율적인 경호는 말할 것도 없고 모든 것이 엉망진창인 상황이었다.

결정적인 순간 PPK는 기관 고장을 일으켰고

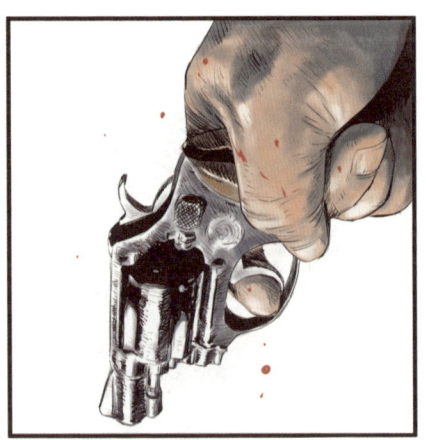

부하는 S&W M36 리볼버를 가져온다.

스미스&웨슨 치프 스페셜S&W Cheif's Special
일명 레이디 스미스Lady Smith

이름도 긴 이 총은 16년 철권 통치자를 절명시켰다.

불행히도 S&W M38 리볼버는 1974년 8월 15일 영부인 육영수 여사를 쏘기도 했다.

총을 쏜 재일 한인 문세광은 일본 파출소에서 이 총을 훔쳤다고 알려졌다.

대통령 부부가 74년과 79년에 같은 총으로 세상을 떠난 것이다.

시그 P210 Carry

킬러 남다름

발터 PPK Walther PPK

1931년에 공개된 발터 PPK는 독일의 발터Walther 사에서 1929년 발매한 발터 PP의 소형 버전이다. PPK는 독일어 Polizei Pistole Kriminal(Police Pistol Criminal)의 줄임말로, 사복경찰용 모델로 개발되었다. 나치 시대 독일 비밀경찰인 게슈타포와 미국의 CIA, 이스라엘의 모사드 등 주요 첩보기관 요원들이 사용한 총이기도 하다. 영화 〈007 시리즈〉에서 제임스 본드가 사용하면서 더욱 유명해졌다.

© Jaikuma

구경	.22 LR / .32 ACP / .380 ACP
전체 길이	155mm
총열 길이	84mm
두께	25mm
높이	96mm
무게	626.5g
탄창 용량	9발 / 7발 / 6발

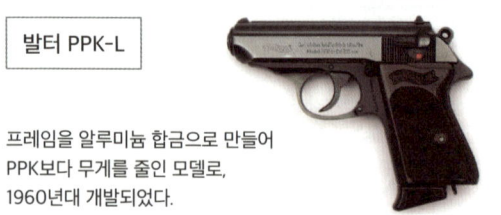

발터 PPK-L

프레임을 알루미늄 합금으로 만들어 PPK보다 무게를 줄인 모델로, 1960년대 개발되었다.

11화

콜트 M1911

미군 제식 권총 ①

글록 43X MOS

콜트 M1911

현대의 베스트셀러가 글록이라면
정통의 명품은 콜트colt 사의 M1911이다.

총기 설계의 천재
브라우닝이 만든 이 총은
1911년 미군의 제식 권총으로
채택됐어.

2011년에 100주년을
맞이한 이 총은 아무리
총알못이라 해도
모를 수가 없지.

제1차 세계 대전에서 M1911은 단순한 구조와
높은 신뢰성, 튼튼함, 45구경 탄환의 파괴력으로
인상적인 활약을 해.

제2차 세계 대전에서도 개량형 M1911 A1으로
진가를 발휘하면서 무려 270만 정이나 만들어졌지.

수많은 군인들이 M1911과 함께하며
무수히 많은 *무공 훈장을 받게 되었다.

*무공 훈장: 전쟁 시 전투에 참가하여
뚜렷한 공을 세운 사람에게 주는 훈장.

한국전과 베트남전에서도
활약은 이어졌다.

걸프전과 이라크전까지
M1911은 계속 존재했지.

하지만 이 오래된 총에 대한 사람들의 애착은 끝나지 않았다.

미군 제식 권총 사업에서는 물러났지만 해병대는 M1911의 터프함을 버리지 못했지.

*그린베레도 마찬가지였고

*그린베레: 대게릴라전을 목적으로 하는 미국 육군의 특수 부대. 녹색 베레모를 쓴 데서 유래한 이름이다.

*델타 포스도 그랬다.

*델타 포스: 미국 육군의 최정예 특수 부대.
보안상 공식적인 부대 이름은 존재하지 않으며 이 이름은
대외적으로 자신들을 칭할 때 임시로 사용하는 이름이다.

그리고 민간 시장에서도 그 인기는 꾸준했어.

수많은 나라와 회사들이 또 다른 개성의
M1911을 찍어냈지.

한국의 회사도 M1911을 만들었고 말이야.

첨단
개량형

시그사우어 1911

은닉
휴대용

스프링필드 V10
울트라 컴팩트 1911

매력 넘치는 변형 M1911들이
영원히 나올 것처럼 보여.

M1911

1911년 6천 발의 내구성 테스트를 통과하며 미국 육군의 군용 권총으로 뽑히면서 M1911라는 이름을 갖게 되었다. 미국의 콜트Colt 사가 개발해, 콜트 45구경이라 불리기도 한다. 내구성이 뛰어나며 부품의 교체가 쉽고 정확성이 높다는 이유로 육군에 채택된 M1911은 2년 후인 1913년, 해군과 해병대에서도 사용되기 시작했다. 제1차 세계 대전과 제2차 세계 대전, 한국 전쟁, 베트남 전쟁, 이라크 전쟁 등 각종 전쟁터에서 널리 쓰였다. 이후 개량된 버전 M1911 A1이 출시되었는데, 이는 브라우닝의 마지막 작업 중 하나이다.

영화 〈타이타닉〉, 〈인디아나 존스: 크리스탈 해골의 왕국〉, 〈위대한 개츠비〉, 〈셰이프 오브 워터〉 등에서 등장했다.

구경	.45 ACP(11.43×23㎜)
전체 길이	216㎜
총열 길이	89~127㎜
무게	1.1㎏
탄창 용량	7+1발
유효 사거리	50m

12화

베레타 92

미군 제식 권총 ②

이탈리아 명품 피스톨 베레타 92 Beretta 92.

매력적인 디자인을 자랑하는
이 총은 수많은 영화에 단골로 등장하여
명연기를 펼쳐왔다.

〈영웅본색〉과 〈레옹〉

〈다이하드〉와 〈매트릭스〉까지
그야말로 신 스틸러였지.

피에트로 베레타
Fabbrica D.Armi Pietro Beretta. S.P.A

이 회사는 무려
1526년에 설립되었대.

현재 최고경영자는 15대손
프랑코 구살리 베레타라고 해.

회사도 알프스에 있는 수백 년 된
석조 건물을 그대로 쓴다네.

베레타 92는 9㎜
파라벨룸 탄을 사용하며
장탄 수는 15발이야.
슬라이드 노출 형태로
탄피 배출이 용이하지.

베레타 92를 사용하는 조직은 정말 많아.
이탈리아군과 프랑스군, 캐나다군,

이탈리아 경찰과 프랑스 전투 경찰,
미국 텍사스 경찰 조직인 레인저스,
캐나다 국경 수비대, 스페인,
터키 경찰 등이 사용해 권총의
명가로 자리 잡았지.

1975년에 공개되고 1985년에
미군 제식 권총으로 채택된 이 총은
'M9'이라는 타이틀을 얻는다.

스위스 총기 회사
시그의 명작 P226과의 가격
경쟁에서 승리한 결과였어.

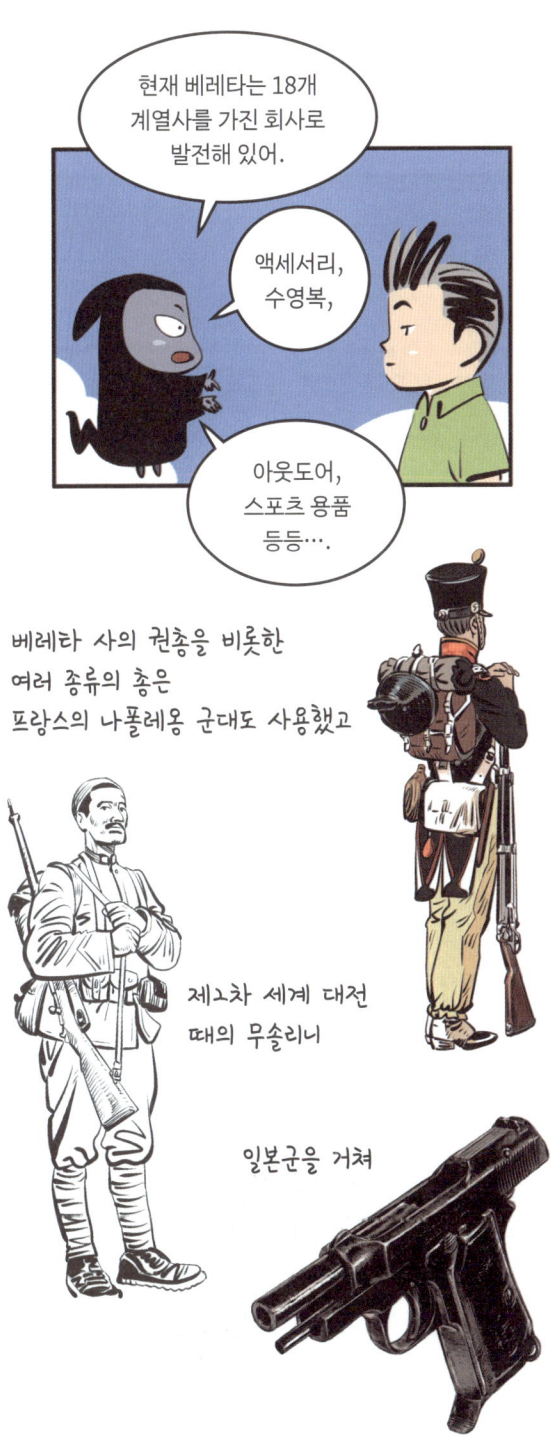

미군까지 이어지게 된 거지.

그야말로 M1911과는 또 다른 명품이라고 할 수 있어.

이 권총 또한 웬만한 총알못도 대략 알 수 있는 녀석이지.

글록 같은 소형 권총의 등장 이후
이제 베레타는 대형 권총으로 분류돼.

복열 탄창에 뚱뚱한 그립 때문에 손이 작으면 매우 불편해.

그래! 그립이 두꺼워서 작은 손에는 아예 안 맞겠어.

그래도 권총 명가의 라인업에서
이 매력적인 베레타가 빠질 수는 없지.

M1911에서부터 베레타
그리고 글록으로 이어지는 거야!

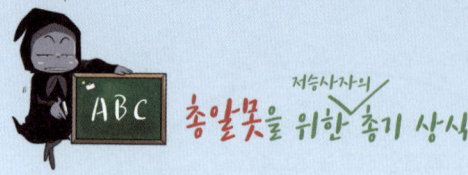

베레타 92 Beretta 92

이탈리아 베레타 Fabbrica d'Armi Pietro Beretta 사에서 1972년에 개발한 총으로, 브라질, 대만, 프랑스, 남아프리카 공화국, 스페인 등에서 라이선스를 받아 직접 생산할 정도로 여러 나라에서 인기를 얻었다. 다양한 시리즈가 개발되었는데 그중 베레타 92SB-F는 오랫동안 미군에서 사용하던 M1911을 몰아내고 제식 권총으로 채택되면서 M9라는 이름을 받게 되었다. 구조가 단순해 조립 및 유지 보수가 편리하고, 사격 시 반동으로 총이 위로 들리는 것을 막아 초보자도 약간의 훈련을 받으면 쉽게 사용이 가능하다.

베레타 시리즈는 수많은 영화에 등장했는데, 영화 〈람보 3〉, 〈레옹〉, 〈매트릭스〉, 〈맨 인 블랙〉, 〈다크 나이트〉, 〈존 윅〉 등이 대표적이다.

구경	9×19㎜ 파라벨룸
전체 길이	217㎜
총열 길이	125㎜
두께	38㎜
높이	137㎜
무게	975g
탄창 용량	15발
유효 사거리	50m

13화

시그사우어 P320

미군 제식 권총 ③

중립국이라는 위치가 사업에 불리한 영향을 미치자
스위스의 시그sig는 독일의 자우어sauer와 힘을 합쳤어.

이후 거대한 민간 시장인 미국에 법인까지 만들어
지금은 미국과 독일에서 생산하는 회사가 된 거야.

조상은 스위스인데 주인은 독일이고
만드는 건 미국··· 상당히 헷갈리지?

글록의 대중적 인기를 뛰어넘은 지구상 최초의 폴리머 바디 권총이 아닐까?

그리고 미군의 새로운 제식 권총으로 뽑히면서 1985년 베레타에게 진 복수도 확실하게 했고 말이야.

2017년 미군의 신형
모듈러 권총 체계(Modular Handgun System)
사업에서 승리하였으니

'M17'이라는 제식명을 부여 받은 이 총을
모듈러 권총이라 부르지.

격발 유닛 하나로 각각 9mm, .40 S&W, .357 Sig,
.45 ACP 탄을 사용하는 총으로 변경할 수 있고

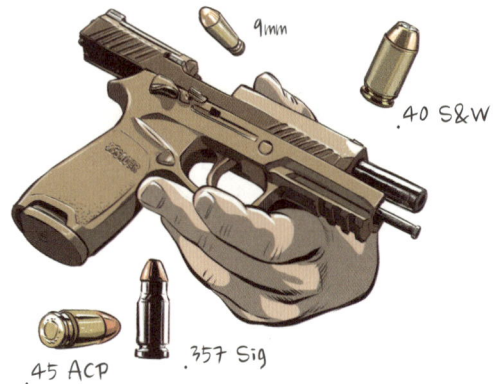

하부 프레임을 손 크기에 맞게
바꿔 끼울 수가 있어.

*총번이 QR코드와 함께 찍혀 있는 트리거 모듈이
미국에서 법률상 총기로 등록되기 때문에

*총번: 총기 번호. 총기는 생산되면 일련번호가 붙는다.

하나의 트리거 모듈로 다양한 길이와
총열, 슬라이드, 프레임 조합이 가능해졌다.

이번에 시그는 가격 경쟁에서
글록과 베레타를 눌렀는데

M17의 군납 가격이 예비 부속과
액세서리, *홀스터를 포함해서
270달러(한화 30만 원 이하)로 책정됐어.

*홀스터: 권총을 담는 주머니. 권총집.

30여 년 전의 베레타 가격보다도 싸게 내놓은 거지.

아무튼 M17과 단축형 M18은 미군을 비롯한
여러 기관에서 널리 사용되었어.

더불어 미군의 새로운 소총 사업에도 선정되어
바야흐로 시그사우어의 시대가
도래했다고 말해야 하지
않을까?

세계 여러 나라의 제식 권총이
된 것도 모자라서 *에어코킹 장난감 권총까지
만들어 판매하고 있으니 말이야.

*에어코킹: 피스톤과 스프링을 통한 공기의 압력으로,
BB탄을 발사하는 모형 총.

ABC 저승사자의 총알못을 위한 총기 상식

시그사우어 P320 Sig Sauer P320

시그사우어에서 개발한 모듈러 총으로, 이전에 미군에서 사용하던 M1911의 개량형 M1911 A1을 몰아내고 2017년 1월 M17로 채택되었다. P320은 시그사우어의 두 번째 모듈러 권총이자, 최초의 스트라이커 격발 방식의 권총이다. 2017년 여름, 특정 각도로 바닥에 떨어졌을 때 그 충격으로 총이 발사되는 안전 문제가 발생하기도 했으나, 이를 회수해 자발적으로 업그레이드하면서 안정성을 높였다.
영화 〈존 윅 2: 리로드〉, 미국 드라마 〈하와이 파이브 오〉 등에 등장했다.

© TexasWarhawk

구경	9×19mm 파라벨룸/.357 SIG/.40 S&W/.45 ACP
전체 길이	203㎜
총열 길이	120㎜
두께	35.5㎜
높이	140㎜
무게	850g
탄창 용량	17발 / 14발 / 10발

최근에 각광 받는 모델은
마이크로 컴팩트 P365라는 녀석이야.

은닉 휴대형 모델인데 이 작은 녀석이
탄창에 따라 16발까지 가능해.

시그 P365 XL

하지만 시그사우어를 명품 총기 반열에
올린 모델은 시그 P210이야.

시그 P210

역사상 가장 비싸고
고급스러운 스위스 장인의
권총이다.

2,000달러

현재 남다듬 양이 사용하는 권총은
시그 P210 Carry 컴팩트 버전이야.

미국 시그 시장에서 P210은 여러 버전으로 사랑 받고 있지.

아 진짜! 나도 쏜다!!

P210은 스위스 육군의 제식 사업을 위해 만들어져

1949년부터 약 35만 정이 생산되었고 현재도 진행형이다.

21세기 현재의 공정과 달리
옛날에는 쇳덩이를 기계로 깎아

장인의 손길로 정교하게
다듬고 조립한 스위스 명품이었어.

탁월한 내구성과 명중률을 자랑하지만
동시에 가격이 대폭 상승했지.

P210은
덴마크군과
서독 국경 수비대
주 경찰,
스위스 경찰 등이
사용했다.

보통 총과 달리
슬라이드가 프레임 안쪽에
위치하는데 이는 총의 흔들림을
최소화함과 동시에
슬라이드의 높이를 낮춰

명중률과 반동 제어 효과가 탁월하다.

명중률과 신뢰성 면에서 21세기 최고의
권총이라 할 수 있다.

ABC 총알못을 위한 저승사자의 총기 상식

시그사우어 P210 Sig Sauer P210

시그사우어에서 1948년 개발한 자동 권총으로, 1949년부터 1975년까지 스위스 육군에서 P49로 사용되었다가 은퇴했다. 이후 개량된 버전에 P210이라는 이름이 붙었다. 명중률이 매우 높은 총으로 알려져 있으며, 보통의 총이 1만~1만 5,000발을 쏘면 교체해야 하는 것에 반해 강철을 깎아 만든 P210은 내구성이 높아 2만~3만 발을 무리 없이 쏠 수 있다. 하지만 생산 효율성은 떨어지기 때문에, 당시 다른 총에 비해 비싼 편이어서 대중적인 인기를 끌지는 못했다.

P210은 다른 총과 달리 대륙식 탄창 교환 방법이 적용된 총이다. 보통의 총은 엄지손가락 근처에 위치한 버튼을 눌러 빈 탄창을 자동으로 빼는 방식이지만, P210은 권총 손잡이 바닥에 버튼이 있어 직접 빈 탄창을 빼내 교환하는 방식을 사용한다.

© Rama

구경	9×19㎜ 파라벨룸 / 7.65×21㎜ 파라벨룸 / .22 LR
전체 길이	215㎜
총열 길이	120㎜
두께	32㎜
높이	130㎜
무게	900g
탄창 용량	8발

15화

백두산 권총 CZ-75

서방과 대립해온 사회주의 진영의 총기 유통은
대체로 소비에트 연방이 주도해왔다.

그것을 중국이 받아 복제하고

북한을 비롯한 제3세계 국가들이 널리 사용했다.

1930년 소비에트 연방이 토카레프 권총을 만들지.

우수한 생산성을 인정받아 중국의 51식, 54식 복제품이 등장했고

제3세계 반군들에게 사랑 받던 토카레프는 1951년 이후부터는 *마카로프에게 자리를 넘겨준다.

*마카로프Makarov: 소련의 무기 개발자 마카로프가 개발한 자동 권총.

마카로프의 제작자 니콜라이 표도로비치 마카로프는
토카레프의 약점이었던 수동 안전 장치의 부재를 해결했어.

그 이후 소련의 제식 권총으로 계보를 이어가다
현재는 야리긴 권총 등에게 자리를 내주었다.

1975년 공산권이었던 체코의 한 무기 공장에서는
또 하나의 명품 피스톨이 탄생한다.

CZ-75

CZ-75는 빼어난 명중률과 정밀도, 손에 착 감기는 그립이 예술이지.

부드러운 방아쇠 압력과
당시에는 드물던 대용량 탄창으로
미국의 마니아들마저 열광했다.

CZ-75는 1992년 북한에서 복제되어
인민군 창설 60주년에 당 간부와 *장성들에게
기념 권총으로 증정되었다.
일명 백두산 권총.

*장성: 준장, 소장, 중장, 대장을 통틀어 이르는 말.

공산 국가였던 체코슬로바키아에서 총의 특허를
특별히 주장하지 않았기에 일어날 수 있는 일이었다.

백두산 권총은 남파 간첩들의 부무장으로도 종종 사용되었다.

CZ-75는 현재 CZ Shadow 그로 발전하여 그 명성을 이어 가고 있다.

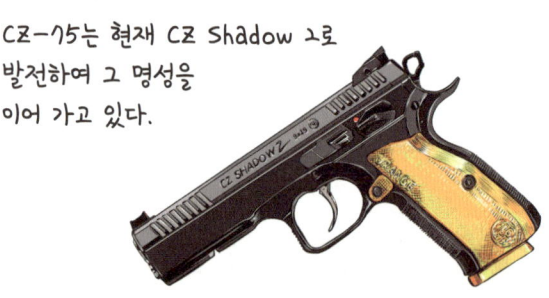

지금까지 토카레프와 마카로프, CZ-75와 백두산 권총까지 반 서방권 권총을 알아보았다.

저승사자의 총알못을 위한 총기 상식

CZ-75

체코의 총기 회사 CZČeská Zbrojovka에서 설계한 권총으로, 1975년에 완성되어 CZ-75라는 이름이 붙었다. 15발 이상 넣을 수 있는 9mm 자동 권총의 시초로, 뛰어난 성능을 자랑했다. 1976년부터 판매되었으나 당시 공산 국가였던 체코의 총이었으므로, 가장 큰 시장인 미국에서는 정식으로 수입할 수 없었다. 대신 CZ-75의 복제본이 많이 생겨났다. 북한도 이를 복제하여 '백두산 권총'을 제작했다. 1989년 베를린 장벽이 붕괴되고 체코에서도 공산 정권이 무너지자, CZ-75는 정식으로 미국 시장에 뛰어들게 된다.

© Vidiot savant

구경	9×19mm 파라벨룸
전체 길이	206.3mm
총열 길이	120mm
두께	32.6mm
높이	138mm
탄창 용량	15+1발
무게	1kg

16화

미국의 총기법

미국은 3억 5천만 정의 총기가 존재하는 나라다.
그만큼 총기에 관한 다양한 문제가 발생하지.

*오픈 캐리법,
*컨실 캐리법 등등
총기 관련 법도 복잡해.

*오픈 캐리법: 공공장소에서 총기를 남에게 보이도록 휴대할 수 있도록 허용한 텍사스주 법.
*컨실 캐리법: 공공장소에서 총기를 보이지 않게 은닉 휴대하도록 하는 법.

총기 소지에 가장 엄격한 동네는
일리노이와 위스콘신이다.

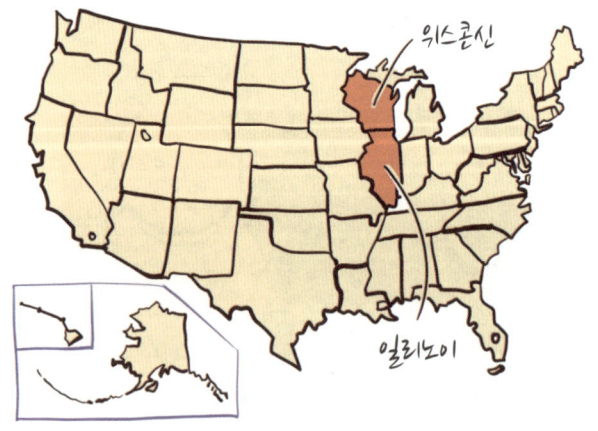

특별한 조건에서의 허용은 캘리포니아와
뉴욕을 비롯한 12개 주
나머지 36개 주는 자격 조건만 맞으면 자동 허가다.

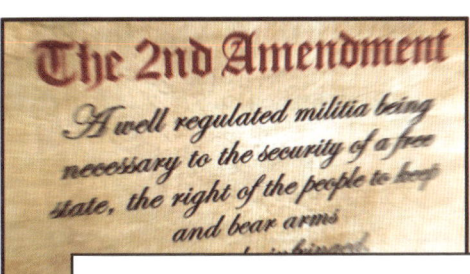

미합중국 수정헌법 제2조
잘 조직된 민병대는 자유로운 국가 안보에 필수적이므로, 무기를 소장하고 휴대하는 국민의 권리는 침해될 수 없다.

수정헌법 제2조가 존재하는 한 미국은 바뀌지 않는다.
그것은 근본적으로 미국인의 건국 이념을 상징하기 때문이다.

대영제국과의 투쟁과 독립 전쟁을
겪으면서 생겨난 법이므로

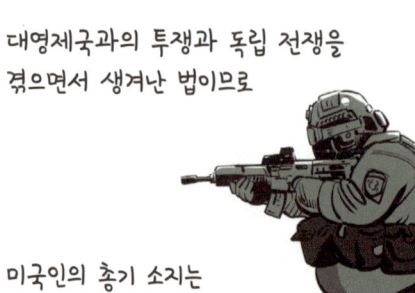

미국인의 총기 소지는
폭압적인 정부가 나타나면
맞서 싸운다는 의미도
내포되어 있는 거다.

물론 야생 동물로부터의 안전도 이유가 되고

도시와 동떨어진 마을의
홈 디펜스도 이유가 되지.

*자동 화기를 가진 범죄자에게 노출될 때 경찰이 신속하게 시민을 지켜주지 못할 것이란 생각도 강하게 깔려 있어.

*자동 화기: 자동으로 장전되고 발사되는 총포. 일반적으로 기관총이나 기관포, 자동 소총 등을 가리킨다.

다수의 미국인은 정부의 규제나 침해를 몹시 싫어해.

그런 이유로 대형 마트에서 산탄총과 총알을 쉽게 구입하는 게 가능한 거지.

범죄자에 대항하기 위해 준비해둔 개인의 총기를 수거해간다는 건 끔찍한 인권 침해로 여기는 거다.

총기 규제론자들이 미국 수정헌법 제2조를 고치려면

첫째, 의회의 3분의 2가 동의해야 해. 둘째, 38개 주가 이 법안을 비준해야 하고,

셋째, 미국 인구보다 많은 총기를 공권력으로 수거해야 한다. 게다가 *NRA를 설득해야 하는데, 이게 쉽지 않아.

*NRA(National Rifle Association, 전미총기협회): 미국에서 가장 큰 민간단체로, 정치권 등 미국 전체에 큰 영향력을 끼치고 있다.

총기 규제 법안이 강화될 때마다
오히려 총기 구입이 폭발적으로 증가하는
역설적인 현상은 멈추지 않아.

2022년 마이애미 경찰은 총기를 반납하는
주민들에게 현금을 지급하고

수거한 총기는 우크라이나에 보냈다고 해.

하지만 미국의 총기 공장에서는 매년 그보다 훨씬 많은 신형 총기가 만들어지고 있다.

……

마카로프 피스톨 Makarov Pistol

소련의 무기 개발자 니콜라이 표도로비치 마카로프 Nikolay Fyodorovich Makarov가 개발한 권총으로, 1951년부터 소련군에서 사용하였다. 제2차 세계 대전에서 크게 활약했지만 안전 장치가 없어 사고가 많았던 토카레프를 대체하기 위해 개발된 마카로프는 안전 장치를 장착하고 더 작고 가볍게 제작되었다. 발터 PP와 PPK를 모델로 제작했기에 '러시아의 발터'라고 불리기도 했다.

1961년 4월 12일 보스토크 Vostok 1호를 타고 최초로 우주 비행에 성공한 소련의 우주 비행사 유리 가가린 Yurii Gagarin이 이 권총을 가지고 우주여행을 했기에, 마카로프는 세계 최초로 우주에 다녀온 권총이기도 하다.

© Konstantin

구경	9×18㎜ 마카로프
전체 길이	161.5㎜
총열 길이	93.5㎜
무게	730g
탄창 용량	8발
총구 속도	315㎧
유효 사거리	50m

17화

헤클러 운트 코흐

새로 나타난 킬러의 권총은 독일의 *H&K 사가 만든 명품이야!

*H&K 사: Heckler&Koch(헤클러 운트 코흐)라는 이름을 가진 회사. 제2차 세계 대전 이후 독일의 마우저 사가 망한 뒤, 마우저 소속 총기 장인 몇 사람이 설립했다.

H&K 사는 그렇게 튼튼한 재정의 회사는 아니지만 뚝심으로 밀고 가는 경향이 있지.

영국과 프랑스 등 주변국의 도움과 간섭을 받으며 버텨온 회사지만 여러 종류의 명품 라인업을 만들면서 고가 정책을 고수하고 있다.

HK416

MP5

Mark23

USP(Universal Self-loading Pistol)는
M1911과 P220, 글록의 영향을 고루 받은 총이야.

USP 권총은 1993년에 출시되어 15개 나라의
군경 조직이 사용했다.

이 총은 미국에서 가장 많이 쓰는 *3대 전술용
권총탄을 모두 커버하는 라인업을 가지고 있지.

*3대 전술용 권총탄: 미국에서 가장 많이 쓰이는 권총탄 세 가지.
.40 S&W, 9mm, .45 ACP를 말한다.

그래서인지 오랫동안 전통적인
해머 방식의 총만 고집해오다가

결국 내놓은 모델이
VP9이다.

유려한 디자인과 최상의 그립감을 자랑하는 VP9은
일본 육상 자위대의 제식 권총으로 채택되었다.

H&K USP-다목적 자동 권총
Universal Self loading Pistol

1993년 헤클러 운트 코흐Heckler&Koch 사에서 개발한 총으로, 플라스틱 그립 프레임으로 되어 있다. 글록의 영향을 받아 플라스틱 그립 프레임을 도입했지만, 실제로는 이전에 플라스틱 그립 프레임을 적용한 총을 개발한 적이 있어 새로운 유행에 쉽게 적응할 수 있었다. 세계 최초로 총의 앞부분에 레일을 도입해, 레이저 등의 액세서리 등을 설치할 수 있게 했다. 약 25개 나라에서 H&K USP를 도입해 군인과 경찰이 사용하고 있다. 영화 〈레지던트 이블〉, 〈테이큰 2〉, 〈람보 4: 라스트 블러드〉, 〈존 윅 3: 파라벨룸〉 등에서 등장했다.

구경	9×19mm 파라벨룸 / .40 S&W / .45 ACP
전체 길이	194mm
총열 길이	108mm
두께	32mm
높이	135mm
무게	748g
탄창 용량	12 / 13 / 15발

*44매그넘: 미국 레밍턴에서 1954년에 설계하고 1955년에 제작한 리볼버. 다른 권총에 비해 크고 무거운 총알을 사용한다.

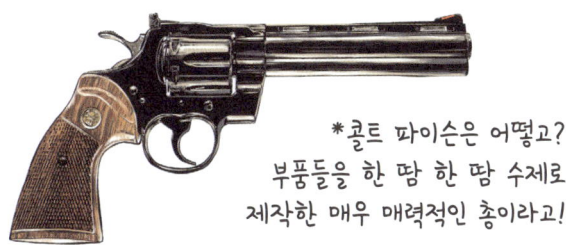

S&W M36

S&W 사는 은닉하기 좋은 리볼버의 필요성을 느끼고 개발에 착수해, 1950년 그 완성본을 공개했다. 이 은닉형 총은 경찰이나 형사를 위해 만들어졌기 때문에, S&W는 미국 내의 모든 경찰서 책임자들이 모이는 ICAP 콘퍼런스에 참여해 이 리볼버의 이름을 무엇으로 할지 설문조사를 했다. 그 결과 경찰서장(chief)들의 의견이 반영된 치프 스페셜Chief's Special이라는 이름이 붙었다. 이 총은 작은 크기 덕분에 경찰뿐만 아니라 첩보원이나 경호원, 호신용 등으로 인기를 끌었고, 이후 여성 전용의 작은 버전인 레이디 스미스 버전도 출시되었다.

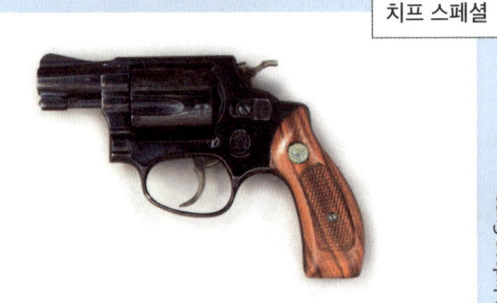

치프 스페셜

© Judson Guns

구경	.38 스페셜
전체 길이	138mm
총열 길이	76mm
높이	108mm
무게	280g
탄창 용량	5발

레이디 스미스

© James Case

19화

미국의 자존심,
스미스&웨슨 M&P

오랜 시행착오 끝에 스미스&웨슨은
2005년 마침내 회심의 신제품을 선보인다.

그것은 바로 M&P(Military and Police)
'군경 권총'이라는 뜻의 피스톨이었다.

자네 여자 친구는 내가 처리했네.

네?

저는 여자 친구가 없는데요.

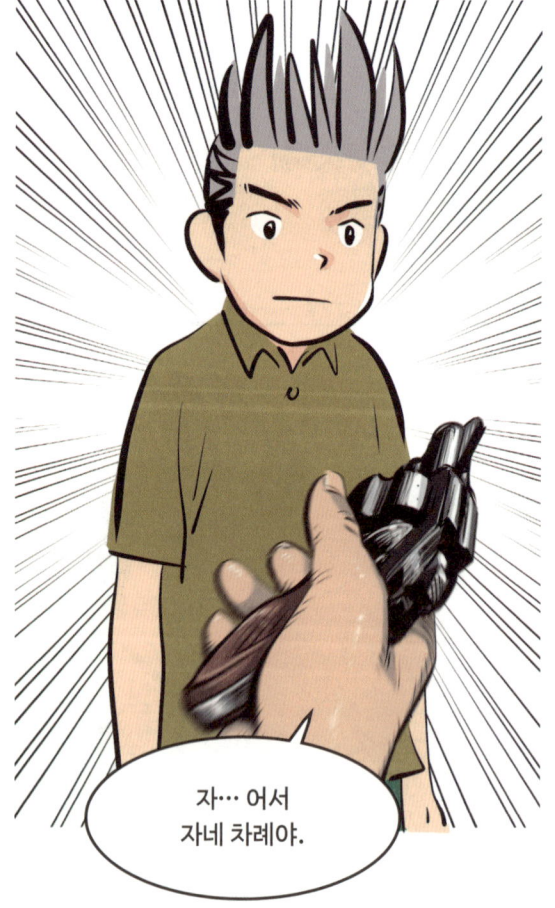

그런데 M&P는
전통의 M1911 피스톨의 그립 각도
18도를 되살린 거야.

이 각도는 그립감이 뛰어난 장점을 넘어서
우수한 반동 제어로 명중률도 상승시켰지.

S&W M&P Military and Police

M&P는 오랫동안 사랑받은 S&W 리볼버 시리즈의 명칭으로, S&W는 2006년 새롭게 발매한 대용량 자동 권총에도 같은 이름을 붙이며 새로운 시리즈에 대한 기대감을 보여주었다. 처음에는 9×19㎜ 총알과 .40 S&W 총알을 사용하는 모델만 나왔으나, 2007년부터는 다른 구경의 총알도 사용할 수 있도록 라인업이 늘어났다. 손바닥 그립은 교체할 수 있어, 손에 맞춰 그립 크기를 선택할 수 있다.

영화 〈다이하드: 굿 데이 투 다이〉의 브루스 윌리스, 〈캡틴 아메리카: 윈터 솔져〉와 〈어벤져스〉의 사무엘 L. 잭슨, 〈더 배트맨〉의 제프리 라이트 등이 사용했다.

S&W M&P9

© James Case

구경	9×19㎜ 파라벨룸 / .40 S&W
전체 길이	191㎜
총열 길이	108㎜
두께	30㎜
높이	140㎜
무게	680~720g
탄창 용량	17발 / 15발

20화

글록 43, 해머리스 리볼버

컨실 캐리Concealed carry, 은닉 휴대 권총에 대해 알아보자.
이런 총을 미국에서는 스너비snubby라 부르는데

글록 43X MOS

은닉 휴대 권총은 스파이들에게만 필요한 게 아니다.

민간인들도 자신을 보호하기 위해 몸에
숨기기 쉬운 작은 권총을 지니고 다닌다.

총기 회사들은 기본형(Standard) 권총을 출시한 후

글록 17

축소 휴대형(Compact)과
더 작은 축소 모델(Subcompact)을 내놓는다.

글록 19X

글록 43X MOS

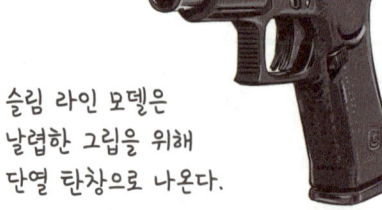

글록 48

슬림 라인 모델은 날렵한 그립을 위해 단열 탄창으로 나온다.

기술의 발달로 워낙 작고 장탄 수도 준수해서 각광 받는 권총이야.

요즘에는 리볼버도 은닉 휴대하기에 좋게 나오지? 아마…

그렇죠 어르신~!

기존의 작은 리볼버도 휴대하기 좋았지만
발전을 거듭하고 있죠.

간혹 권총의 해머 부분이 주머니에 걸리기 때문에

해머 부분을 슬림하게 최소화한 모델도 나와있고요.

글록 43 Glock 43

글록 43은 글록 36, 글록 42, 글록 48과 함께 글록의 슬림라인 모델 중 하나다. 슬림라인 모델은 단열 탄창을 사용해, 두께를 줄여 휴대하기 편하게 만든 시리즈다. 글록 43X는 글록 43보다 조금 더 크며 10발의 총알을 넣을 수 있다. 글록 43X MOS는 글록 43X에 광학 조준 장치(Optic Sight)를 장착할 수 있는 마운트가 부착된 버전으로, 광학 조준 장치를 달면 조준하기가 쉬워져 정확도를 높일 수 있다.
글록 43은 영화 〈어벤져스: 엔드게임〉과 〈블랙 위도우〉에서 스칼릿 조핸슨이 사용한 총이기도 하다.

글록 43

구경	9×19mm 파라벨룸
전체 길이	159mm
총열 길이	86.5mm
두께	22mm
높이	108mm
무게	585g
탄창 용량	6발

글록 43X

21화

M&P 쉴드와 P365

은닉 휴대 권총의 종류는
수요에 따라 매우 다양해졌다.

S&W 보디가드 380

시그 P938

"크기는 작지만 일반 권총과 여러 면에서 큰 차이가 없기 때문에 인기가 매우 높아진 거지."

글록의 아성을 뛰어넘는 두 개의 제품이 있다.

> S&W M&P 쉴드

스미스&웨슨의 M&P 쉴드Sheild는 8+1발을 장전하며 가볍고 손에 쏙 들어오는 그립과 쾌적한 트리거를 자랑한다.

"2019년 기준 300만 정이 팔렸고 매년 30만 정이 팔린다고 한다."

가격도 매우 착해서 한화 40만 원 가량이라고 해.

시그의 P365는 휴대와 은폐가 간편하면서도
많은 장탄 수가 장점이다.

시그 P365

탄창 모양에 따라
최대 15+1발까지 가능하니
일반 권총이 부럽지 않아.
매일 매일 휴대한다 해서 365라는 이름을 붙였다.

게다가 15미터 근접 사격에서
준수한 명중률까지 보여준다고 해.
단순한 디자인으로 미국 권총 판매량 1위를 기록했다.

매끄러워
옷에 걸림이 없음

가늠자, 가늠쇠를
완전히 없앤 SAS 버전도 있어.

← 조준점

나름의 조준 방식이 있지만
은닉 휴대 권총 특성상
근접 거리에서 조준 없이
사용하는 총이라고 봐야 해.

총기 제조 기술의 발달로 인해 스스로를 보호하는
은닉 휴대 권총 시장이 빠르게 발전하고 있다.

시그사우어 P365 Sig Sauer P365

2018년 시그사우어에서 내놓은 손바닥 크기의 작은 권총으로, 365일 휴대할 수 있는 총이라는 뜻을 갖고 있다. 작은 크기 덕분에 주머니나 발목 등에 쉽게 숨길 수 있다. 비슷한 크기지만, 6발을 장탄하는 글록 43보다 많은 수의 탄창을 장착할 수 있어 인기를 끌었다. 모듈러 형식이라 부품을 바꾸어 끼울 수도 있다. P365 SAS SIG Anti-Snag는 기존의 가늠자와 가늠쇠를 대신해 슬라이드 안에 조준 기구를 넣은 모델이며, P365 MS(Manual Safety)는 수동 안전 장치를 장착한 모델이다. 영화 〈존 윅 3: 파라벨룸〉과 〈존 윅 4〉, 미국 드라마 〈NCIS〉 등에서 활약했다.

구경	9×19mm 파라벨룸 / .380 ACP
전체 길이	147mm
총열 길이	78mm
두께	26mm
높이	109mm
무게	500g
탄창 용량	10발 / 12발 / 15발 / 17발

22화

권총 액세서리

컴펜세이터 혹은 총구 보정기

소음기

사격 시 발생하는 총소리의 크기를 줄여주는 장비로서

1. 뒷마당 사격 훈련 때 이웃에게 폐를 덜 끼치는 용도

그래도 시끄러워요 도널드!

2. 총열이 연장되는 효과도 있으며

더 정확하고 파괴력이 있을 거야.

3. 교전 시 적에게 사격 위치가 쉽게 노출되지 않는다.

분명 들리긴 했는데 어디서 쏘는지 모르겠다.

자아! 자! 여기가 바로 저승입니다.

웰컴 헬!

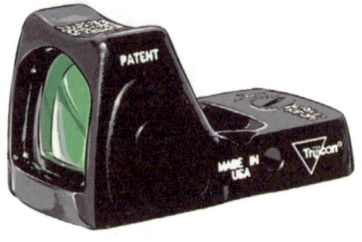

광학 조준기

광학 조준기는 빛의 굴절과 반사를 이용한 조준기로 현대 과학 발전의 산물이다.

가늠자, 가늠쇠 없이 사격하며 조준선 정렬이 필요 없어 매우 신속한 사격이 가능하지.

비버 테일

올바른 파지법을 숙지하지 않으면 간혹 슬라이드 사고가 일어난다.

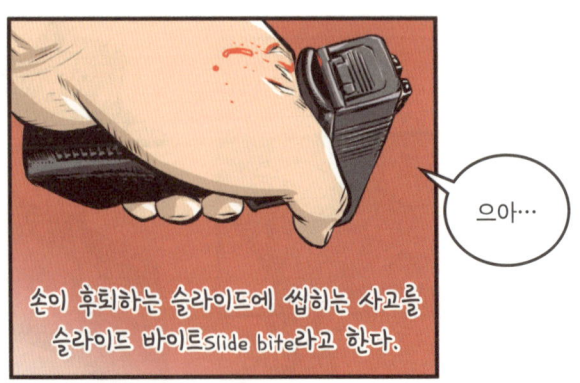

손이 후퇴하는 슬라이드에 씹히는 사고를 슬라이드 바이트slide bite라고 한다.

으아…

이를 방지하기 위해 비버의 꼬리를 닮은 부분을 만들어 주거나 옵션으로 달아 주기도 한다.

저것들이 죽어야 이 작전이 끝날 텐데 꽤나 안 죽네.

끈질긴 킬러들이야!

S&W M&P 쉴드 M&P Shield

권총의 크기는 일반적으로 풀사이즈, 컴팩트, 서브컴팩트로 구분된다. 가장 크고 길며 위력이 센 총은 풀사이즈이고, 이보다 작은 버전은 컴팩트 사이즈로 풀사이즈보다 총알이 1~2발 더 적게 들어간다. 컴팩트보다 더 작아 휴대하기 좋은 사이즈는 서브컴팩트이다. 보통은 풀사이즈 권총을 출시한 다음, 해당 모델의 컴팩트와 서브컴팩트 모델을 개발해 제공한다.
S&W M&P의 서브컴팩트 모델인 M&P 쉴드는 단열 탄창을 사용해 M&P보다 더 얇아진 모델이다. 다양한 액세서리를 장착할 수 있고, 작고 가벼워 호신용으로 인기가 많다.
영화 〈존 윅 4〉, 미국 드라마 〈블랙리스트〉, 〈퍼슨 오브 인터레스트〉 등에 등장했다.

© James Case

구경	9×19mm 파라벨룸 / .40 S&W
전체 길이	155mm
총열 길이	79mm
무게	540g
탄창 용량	8발 / 7발

23화

이상한 피스톨 AR-15

미국의 민간 총기 시장은 엄청나게 크다.

게다가 50개 주와 연방 정부의 총기법이 서로 다르고 복잡한 나라다.

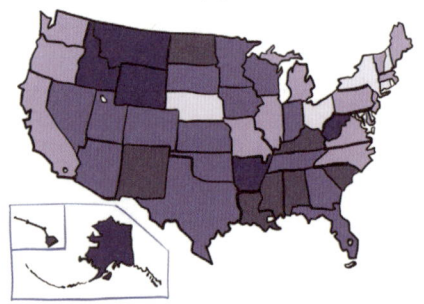

그러다 보니 이것을 권총이라고 부를 수 있을까 싶은 물건도 여럿 존재한다.

에일리언 피스톨

켈택 P50kel-Tec P50이라는 총은 탄창을
뒤집어서 총열 밑에 끼우는 구조다.

무려 50발을 발사할 수 있는 무지막지한 피스톨이다.

AR-15는 논란의 피스톨이다.

이 총은 분명히 소총의 형태를 띠고 있다.

AR-15의 조상은 베트남전에서 활약한 M16이다.

제작자 유진 모리슨 스토너는 AK-47과 함께
인류를 대표하는 *돌격소총을 개발했다.

*돌격소총: 중형 규격 탄환을 사용하고 휴대성이 높은 자동 소총.
군대의 보병에게 지급되는 가장 기본적인 무기다.

당시 이 총을 생산했던 회사 이름이 아말라이트Armalite였기에
이를 줄여서 모델 넘버와 함께 AR-15라고 부르게 되었다.
이후 많은 회사에서 여러 종류의 AR-15 계열 소총을 만들어낸다.

문제는 애매한 미국의 총기법이었다.
총열 길이가 16인치 이하거나 전체 길이가 26인치
이하의 물건을 권총으로 분류했던 것이다.

*개머리판을 추가로 달고 각종 *파츠을 부착하면
소총의 모양을 한 위력적인 권총이 탄생했다.

*개머리판: 사격 시 어깨에 받치는 총의 아랫부분.
*파츠: 부품.

이 때문에 AR-15는 각종 총기 사건에 등장했고
미국 사회를 골치 아프게 만드는
이상한 피스톨이라는 평가를 받게 되었다.

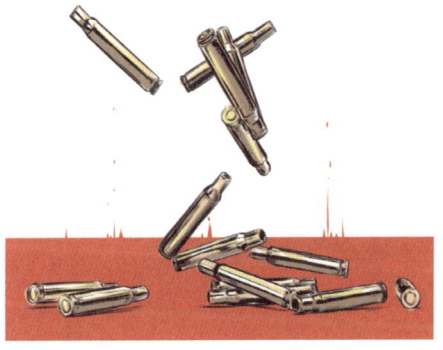

그래도 반대론자들에게는 용납이 안 되는 권총이 AR-15이고

찬성론자들의 논리도 아예 무시하기는 어렵다.

AR-15 ArmaLite Rifle 15

미국의 아말라이트Armalite 사에서 만든 소총으로, 다른 소총에 비해 작은 구경의 가벼운 탄환을 사용한다. 덕분에 탄환 속도가 빠르고 살상력이 높다. 미국 육군 총으로 뽑히지 못해 판매가 어려워지자 아말라이트 사는 콜트 사에 AR-15의 권리를 팔아버렸고, 이후 미국 공군에서 이 총을 사용하게 되면서 M16으로 불리게 되었다. 베트남전쟁이 계속 이어지자 공군뿐만 아니라 미군 전체가 M16를 사용하게 된다. 이후 콜트 사의 M16 독점 기간이 끝나면서 많은 업체가 AR-15 계열 소총을 제작해 판매하고 있다. 미국의 다양한 총기 난사 사건에 연루되며 논란의 중심에 있는 총이다.

구경	5.56×45mm NATO
전체 길이	991mm
총열 길이	266~406mm
무게	3.2kg
탄창 용량	20발 / 30발

24화

마지막 권총 이야기

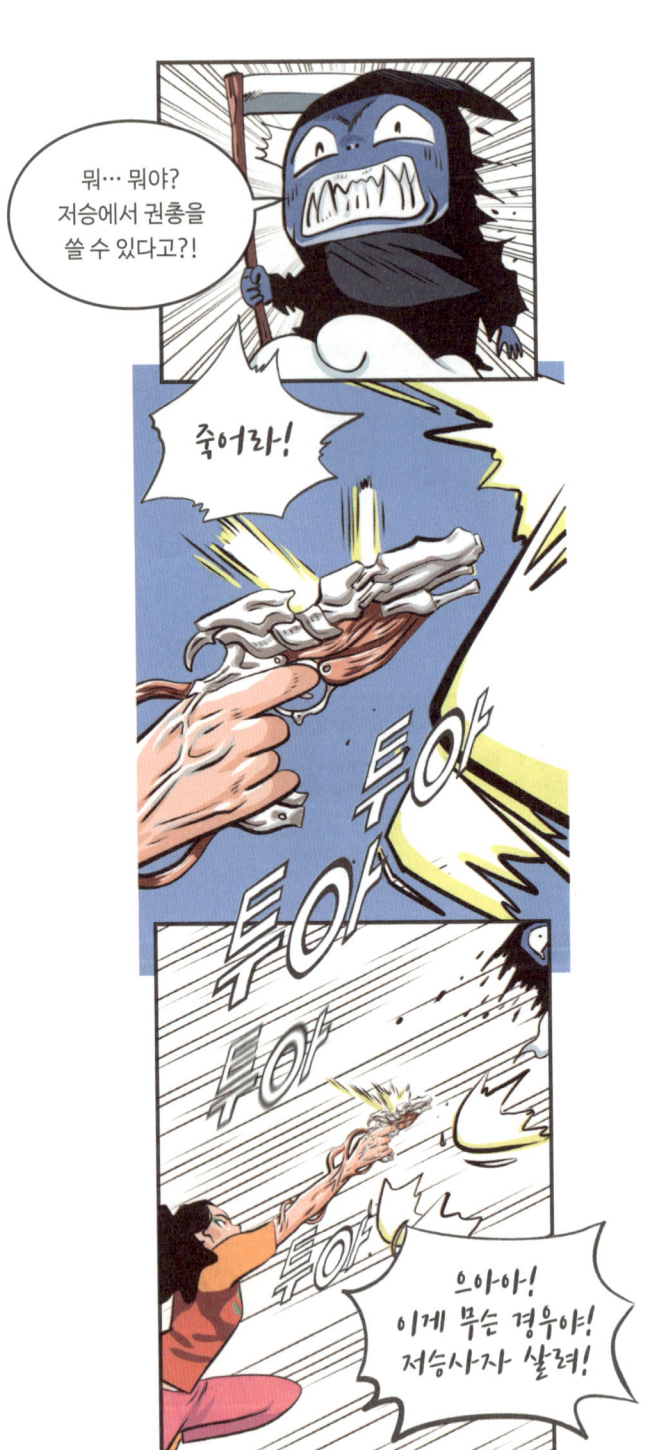

방아쇠를 당기면 약실에 있는 탄환의 뇌관을
찔러 탄환 속의 폭약이 폭발한다.

탄두가 목표를 향해 발사되고
반동으로 슬라이드가 후퇴하며 탄피가 배출된다.

두번째 탄을 약실로 밀어 넣으며

슬라이드가 다시
앞으로 전진한다.

현대의 권총은 틸팅 배럴Tilting barrel이라고 해서
슬라이드 후퇴 시 총신이 위로 들린다.

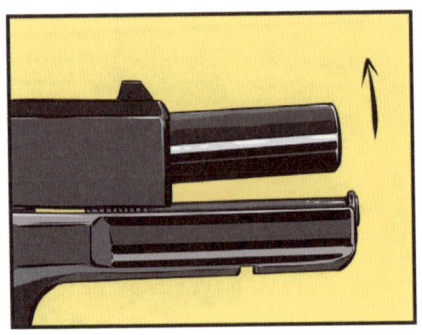

이로 인해 총알이 약실로 쉽게 미끄러져 들어간다.

권총은 발전을 거듭해 휴대성과
정확성, 그리고 파괴력을
향상시켜 왔다.

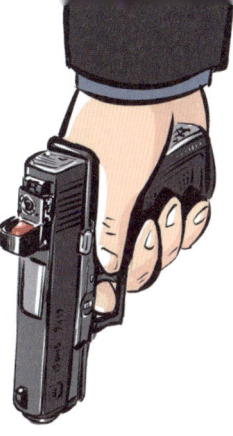

각종 파츠를 부착하여
사격에 더욱 유리한
기능이 추가되었다.

……

그러나…

그것은
어떤 의미일까?

인간이 최선의 노력으로 인간을 죽이고 있다는 뜻인가?

20세기 최고의 총기 설계자
존 브라우닝 John Moses Browning
(1855년 1월 21일~1926년 11월 26일)

Auto-5를 든 존 브라우닝

약 50년 동안 다양한 반자동, 자동 총기를 개발해 자동 화기의 아버지로 불린다. 24세에 처음으로 총기 특허를 받았고, 이후 총 128개의 총기 특허를 획득했다. 그가 설계한 총에는 M1911, M1919, M2 기관총, 최초의 반자동 산탄총인 브라우닝 Auto-5 등이 있다. 그가 개발한 총기들은 현대에서도 여전히 활용된다.

1882년 미국 유타주에 있는 브라우닝 형제의 총기점

에필로그

총을 쏘는 사람과 총에 맞는 사람이 있습니다.

상황에 따라 범죄가 되거나 전쟁이 되고
어떤 이는 정의를 실현했다고 믿기도 합니다.

총을 두려워하는 사람과
그것을 취미로 여기는 사람도 있죠.

총으로 동물을 사냥하기도 하고
총으로 집을 지키기도 합니다.

총을 디자인하는 사람, 총을 만드는 사람,
그것으로 나라를 지키는 사람도 있습니다.

웹툰 작가로서 오랫동안 총을 그려 왔습니다.
어느 순간 총을 구체적으로 알고
그려야 하겠다는 생각이 들었습니다.

배우와 감독, 심지어 현역 군인도
웹툰작가인 저처럼 총을 제대로 모르고
표현하는 경우를 종종 목격합니다.

《만화로 보는 피스톨 스토리》가 조금이라도 도움이 되어
총에 대한 정확한 이해와 파지법,
사용법에 도움이 되길 바랍니다.

사람의 삶에 필연처럼 따라오는 총이라는 물건을
알아보기 위해 부족하지만 노력하며 그렸습니다.

감사합니다.

푸르공 드림

참고자료

단행본

가노 요시노리, 《권총의 과학》, 보누스, 2022
가노 요시노리, 《총의 과학》, 보누스, 2021
남도현, 《Gun : 전쟁의 패러다임을 바꾼 총기 53선》,
　플래닛미디어, 2019
토코이 마사미, 《최신 군용 총기 사전》,
　에이케이 트리비아북, 2015

유튜브

건들건들
국립진주박물관JUNJU NATIONAL MUSEUM
무기대백과
샤를의 군사연구소
소피니언 디데아SOpinion DIdea
올드튜브(Old Tube)
유용원TV
지식해적단
털보 Gun도사
태상호의 밀리터리톡
파파건스 PAPAGUNS
허준허튜브
HICKOK45